许尤佳育儿丛书

1000000 粉丝忠实热捧
人气育儿专家 最新力作

许尤佳
小儿冬季保健食谱

儿科主任
博士生导师   著

SPM 南方出版传媒
广东科技出版社 | 全国优秀出版社
·广州·

图书在版编目（CIP）数据

许尤佳：小儿冬季保健食谱 / 许尤佳著. — 广州：
广东科技出版社，2019.8
（许尤佳育儿丛书）
ISBN 978-7-5359-7188-3

Ⅰ. ①许… Ⅱ. ①许… Ⅲ. ①儿童—保健—食谱
Ⅳ. ①TS972.162

中国版本图书馆CIP数据核字(2019)第148194号
特别感谢林保翠为本书付出的努力

许尤佳：小儿冬季保健食谱 Xuyoujia:Xiao'er Dongji Baojian Shipu

出 版 人：朱文清
策　　划：高　玲
特约编辑：黄　佳
责任编辑：高　玲　方　敏
装帧设计：
摄影摄像： 深圳·弘艺文化 HONGYI CULTURE
责任校对：谭　曦
责任印制：彭海波
出版发行：广东科技出版社
　　　　　（广州市环市东路水荫路11号　邮政编码：510075）
http://www.gdstp.com.cn
E-mail：gdkjyxb@gdstp.com.cn（营销）
E-mail：gdkjzbb@gdstp.com.cn（编务室）
经　　销：广东新华发行集团股份有限公司
印　　刷：广州市岭美文化科技有限公司
　　　　　（广州市荔湾区花地大道南海南工商贸易区A幢　邮政编码：510385）
规　　格：889mm×1 194mm　1/24　印张7　字数150千
版　　次：2019年8月第1版
　　　　　2019年8月第1次印刷
定　　价：49.80元

ABOUT **THE AUTHOR**

作者简介

儿科主任/博士生导师　许尤佳

- 1000000 妈妈信任的儿科医生
- "中国年度健康总评榜"受欢迎的在线名医
- 微信、门户网站著名儿科专家
- 获"羊城好医生"称号
- 广州中医药大学教学名师
- 全国老中医药专家学术经验继承人
- 国家食品药品监督管理局新药评定专家
- 中国中医药学会儿科分会常务理事
- 广东省中医药学会儿科专业委员会主任委员
- 广州中医药大学第二临床医学院儿科教研室主任
- 中医儿科学教授、博士生导师
- 主任医师、广东省中医院儿科主任

　　许尤佳教授是广东省中医院儿科学科带头人，长期从事中医儿科及中西医儿科的临床医疗、教学、科研工作，尤其在小儿哮喘、儿科杂病、儿童保健等领域有深入研究和独到体会。特别是其"儿为虚寒体"的理论，在中医儿科界独树一帜，对岭南儿科学，甚至全国儿科学的发展起到了带动作用。近年来对"升气壮阳法"进行了深入的研究，并运用此法对小儿哮喘、鼻炎、湿疹、汗证、遗尿等疾病进行诊治，体现出中医学"异病同治"的特点与优势，疗效显著。

　　先后发表学术论文30多篇，主编《中医儿科疾病证治》《专科专病中医临床诊治丛书——儿科专病临床诊治》《中西医结合儿科学》七年制教材及《儿童保健与食疗》等，参编《现代疑难病的中医治疗》《中西医结合临床诊疗规范》等。主持国家"十五"科技攻关子课题3项，国家级重点专科专项课题1项，国家级名老中医研究工作室1项等，参与其他科研课题20多项。获中华中医药科技二等奖2次，"康莱特杯"著作优秀奖，广东省教育厅科技进步二等奖及广州中医药大学科技一等奖、二等奖。

　　长年活跃在面向大众的育儿科普第一线，为广州中医药大学第二临床医学院（广东省中医院）儿科教研室制作的在线开放课程《中医儿科学》的负责人及主讲人，多次受邀参加人民网在线直播，深受家长们的喜爱和信赖。

　　俗语说"医者父母心"，行医之人，必以父母待儿女之爱、之仁、之责任心，治其病，护其体。但说到底生病是一种生理或心理或两者兼而有之的异常状态，医生除了要有"医者仁心"之外，还要有精湛的技术和丰富的行医经验。而更难的是，要把这些专业的理论基础和大量的临证经验整理、分类、提取，让老百姓便捷地学习、运用，在日常生活中树立起自己健康的第一道防线。婴幼儿乃至童年是整个人生的奠基时期，防治疾病、强健体质尤为重要。

　　鉴于此，广东科技出版社和岭南名医、广东省中医院儿科主任、中医儿科学教授许尤佳，共同打造了这套"许尤佳育儿丛书"，包括《许尤佳：育儿课堂》《许尤佳：小儿过敏全防护》《许尤佳：小儿常见病调养》《许尤佳：重建小儿免疫力》《许尤佳：实用小儿推拿》《许尤佳：小儿春季保健食谱》《许尤佳：小儿夏季保健食谱》《许尤佳：小儿秋季保健食谱》《许尤佳：小儿冬季保健食谱》《许尤佳：小儿营养与辅食》全十册，是许尤佳医生将30余年行医经验倾囊相授的精心力作。

　　《育婴秘诀》中说："小儿无知，见物即爱，岂能节之？节之者，父母也。父母不知，纵其所欲，如甜腻粑饼、瓜果生冷之类，无不与之，任其无度，以致生疾。虽曰爱之，其实害之。"0~6岁的小孩，身体正在发育，心智却还没有成熟，不知道什么对自己好、什么对自己不好，这时父母的喂养和调护就尤为重要。小儿为"少阳"之体，也就是脏腑娇嫩，形气未充，阳气如初燃之烛，波动不稳，易受病邪入侵，病后亦易于耗损，是为"寒"；但小儿脏气清灵、易趋康复，病后只要合理顾护，也比成年人康复得快。随着年龄的增加，身体发育成熟，阳气就能稳固，"寒"是假的寒，故为"虚寒"。

在小儿的这种体质特点下，家长对孩子的顾护要以"治未病"为上，未病先防，既病防变，瘥后防复。脾胃为人体气血生化之源，濡染全身，正所谓"脾胃壮实，四肢安宁"，同时脾胃也是病生之源，"脾胃虚衰，诸邪遂生"。脾主运化，即所谓的"消化"，而小儿"脾常不足"，通过合理的喂养和饮食，能使其健壮而不易得病；染病了，脾胃健而正气存，升气祛邪，病可速愈。许尤佳医生常言：养护小儿，无外乎从衣、食、住、行、情（情志）、医（合理用药）六个方面入手，唯饮食最应注重。倒不是说病了不用去看医生，而是要注重日常生活诸方面，并因"质"制宜地进行饮食上的配合，就能让孩子少生病、少受苦、健康快乐地成长，这才是爸爸妈妈们最深切的愿望，也是医者真正的"父母心"所在。

本丛书即从小儿体质特点出发，介绍小儿常见病的发病机制和防治方法，从日常生活诸方面顾护小儿，对其深度调养，尤以对各种疗效食材、对症食疗方的解读和运用为精华，父母参照实施，就可以在育儿之路上游刃有余。

目 录 CONTENTS

Chapter 1　小儿冬季饮食调理

目 录 CONTENTS

Chapter 2 营养、天然的冬季时令保健食谱

目 录 CONTENTS

Chapter 3 寒冬，小儿养肾好时节

Chapter **1**

小儿冬季
饮食调理

小儿冬季调养的知识点

立冬意味着正式迎来了冬天。《月令七十二候集解》中记载："立，建始也；冬，终也，万物收藏也。"意思是收获的季节已经结束，作物已经收晒贮藏，动物也开始冬眠，万物收藏，准备过冬。中医认为，立冬之后，马上就会开启这样一个时节：阳气潜藏、阴气盛极。此时人们的调护重点要顺应体内阳气的潜藏，以敛阴护阳为根本。

阳生于阴。简单地说，"阳"就是能量的消耗形式。"阴"就是能量的储藏形式。先有阴，才会有阳。冬季调理孩子的目的，就是要帮孩子温补敛藏阳气。阳气旺盛，孩子的体质就会有很大的改善。而阳气的根基，就在于肾。所以要让孩子阳气健旺，就要利用冬天，把能量储藏充足，这

就是我们说的养阴。

冬主水，肾藏精，《黄帝内经》中提到："肾者主水，受五脏六腑之精气而藏之。"肾是先天之本，孩子与生俱来的精气都藏于肾中，孩子呱呱坠地之后，先天是否健壮，主要由肾的强健决定。除此之外，人的生长、发育、生殖、健康长寿等诸多问题，都会归因到肾的精气盛衰。冬季天气逐渐寒冷，寒为阴邪，容易损伤肾阳。所以，此时，最适宜给孩子补养肾气以固精敛阳。所谓"冬不藏精，春必病温"说的就是只有在冬天把肾气补足了，精气藏好了，来年春天才不容易生病。

肾水克心火，冬季肾气旺盛，在一定程度上会制约心火的亢烈，心阳的力量就会减弱。但孩子心常有余，肾常虚，加之秋季燥邪太盛，孩子内燥，就容易出现心火旺、肾水不足的情况。《四时调摄笺》里说："冬月肾水味咸，恐水克火，故宜养心。"所以冬季在养肾之余也要兼顾润燥养心。

利用冬天帮孩子养好肾，将阳气储藏充足，孩子才能顺利度过寒冷的冬天，为来年的春生、夏长、秋收储存够能量。

⊙ 立冬，孩子养护的重点该调整了

立冬之后，天气逐渐变冷，万物开始凋零，人也要顺应季节变化，在饮食及生活日常方面做出相应的调整。那么进入冬季后，孩子的饮食、起居应怎样调整呢？

秋收冬藏，冬季养护的重点就是顺应"闭藏"的规律。而肾主封藏，主藏精，所以到了冬季，家长在帮助孩子养藏阳气的同时，还应补足肾气以滋养阴精。在日常起居方面要注重养藏阳气，饮食调理上则应侧重滋阴益肾。

日常起居，如何帮孩子养藏阳气？

1.保暖：注意防寒

在风、寒、暑、湿、燥、火六邪之中，冬季寒当令。寒为阴邪，易伤阳气。"虚则寒，寒则湿，湿则凝，凝则瘀，瘀则堵，堵则瘤，瘤则癌。"不仅是孩子，对成人也是一样的道理，虚和寒会带来一系列的疾病。本身"虚寒体质"的孩子在冬季就更易遭受寒湿的侵袭。特别要注意的是，过敏体质、经常便秘、晚上睡觉盗汗、胃强脾弱等的孩子，基本都是脾虚的，体质更虚寒，所以到了冬季最难抵御外邪，容易发病。这也是为什么一些过敏性疾病在冬季特别容易发作的原因。

进入冬季，冷空气越来越强，气温下降，寒意更明显。冬三月，家长首要注意的就是"去寒就温"，一定要注意为孩子保暖，使其免受寒邪侵袭。家长应及时为孩子加减衣物，要穿好袜子，同时要特别注意脚部和腹部的保暖。

2.睡眠：早睡晚起

我常说，药补不如睡补。睡眠是孩子养阳的最好方法。在寒冷的冬天，睡得好尤为重要。

《素问·四气调神大论》就提出，冬三月，要"早卧晚起，必待日光"。早睡晚起，日出后再起床，这样才不会扰动阳气。孩子的阳气稚嫩，此时，睡不足或睡不好，最损阳气。

保证孩子充足的睡眠，是帮孩子潜藏阳气、蓄积阴精最简单、最有效的方法。家长可以让孩子早上床15分钟，9点前就上床，确保在11点能进入深度睡眠。早上可以适当晚起，比如多睡15分钟，能保证孩子上学不迟到就可以。

晨起之后，不要让孩子马上到阳台或户外，这时候虽然有太阳，但阳气还是很弱的。傍晚也是一样的道理。一些敏感一点的孩子在早晨和晚上会咳嗽或者打喷嚏等，就是因为此时阳气弱，抵御外邪的能力差。这个时候最好少到户外运动，多休息，多睡觉。

3.多运动，多晒太阳

冬天室外温度较低，家长总让孩子待在暖和的室内，其实，这样做是不好的。

晒太阳是除了睡眠外，另一个补养阳气的好方法。中医认为，常晒太阳能助发人体的阳气。入冬后，自然界和人体都呈现"阴盛阳衰"的状态，此时，家长若带孩子出门晒晒太阳，进行一些户外运动，能助发孩子体内阳气，驱寒保暖。

饮食调理要注重滋阴益肾。

秋末冬初，家长就要开始考虑给孩子吃些高热量的食物适当进补，以御寒防寒，储藏能量，蓄养阴精。在饮食调理上，要坚持"秋冬养阴"的原则，食物不宜生冷，也不宜燥热，顾护脾胃，不扰阳气依旧是重中之重，同时要顺应时节，侧重滋阴益肾，兼顾养心。

1.滋阴

随着气温的下降，孩子进食温热的食物增多，加之冬天阳气潜藏体内，阳旺于内，体内热气蕴结。在孩子穿得多、室内温度较高的情况下，体内热气无法散发，脾胃就容易郁结，导致脾胃烦热，加上内燥，就会引发"内火"，损伤阴液。

阴液受损最直接的表现就是，孩子阴虚火旺，容易上火，总是口干舌燥、大便硬结、手足心热。此时，家长要重视滋阴润燥。消化好的孩子，可以适当进食鸭肉、兔肉以滋阴养胃；消化情况弱点的孩子，家长可以用黑米、大枣、白萝卜、核桃、芝麻等滋阴益肾的食材熬粥给他们食用。

2.养肾

冬季天气逐渐寒冷，寒为阴邪，容易损伤肾阳。所以，此时最适宜给孩子补养肾气以养藏阳气。不过小孩子补肾要温补，跟大人补肾截然不同，不可采用攻伐太过的猛药，可以适当多食温补益肾的食物，如核桃、栗子、腰果、芡实、山药、红薯、南瓜等。

另外，中医认为，黑色入肾，补养肾气也可以多吃黑色食物，如黑木耳、黑芝麻、黑豆、紫米、黑米、香菇、紫菜等，不仅益肾，还能润肺生津，一举两得。

3.养心

冬主肾，肾经最旺，肾水过亢，就会影响到心阳的力量，所以此时可以适当吃苦以养心气。

同时，《黄帝内经》记载："肾欲坚，急食苦以坚之，用苦补之。"意思是，苦味的食物能使心火下济于肾水，达到固实肾气，心肾相交的效果。孩子阳气稚嫩，脾常不足，不适合苦寒之物，可以选择苦温之物，如杏仁、陈皮等，润心肺，温脾土，燥湿健脾又固实肾气。

另外，对于孩子而言，温热的粥、汤仍是首选。粥和汤水分充足，营养物质丰富，既润燥，又容易被孩子消化吸收，极其符合"秋冬养阴"的原则。

⊙ 冬主肾，这样帮孩子养好肾

　　我们的肾对应冬季，主收藏，人体先天的能量是由肾来储藏的。冬令阳气潜藏于内，阴精固守充盛，是"养精蓄锐"的大好时机，可通过对肾的滋养来储蓄足够的能量，为来年的生机孕育精力。所以，我要重点跟大家说一说怎么补肾。

　　为什么肾气对孩子这么重要？

　　冬季养肾，肾气足，应对外界各种邪气入侵的能力就强。所谓"藏精而起亟也"，"起亟"就是能应激而起，应付各种突然变化的需要。孩子的肾气强，脾就有底气。我们说冬季要储存能量，其实法门就在养肾。冬季流感肆行，肾气强的孩子抗病能力就会比肾气虚的孩子强，即使生病，也会好得更快一些。

　　脾气不足肾气补。当然，补足肾气的同时也要做好对脾的顾护。只有消化系统好了，能够很好地接纳和吸收营养，才有了能量提供的源泉。

　　大家会发现，冬季脾肾调理得好的孩子，开春以后，尤其是到了四五月份长得特别快。这并不是因为此时给孩子补大量的钙，而是因为准备做得充分，此时就能很好地为孩子提供成长所需。

　　补肾？难道孩子也会肾虚？

　　是的，孩子也需要补肾，但是孩子的"肾虚"不同于大人，两者有本质的不同。

　　成人肾虚多是"肾阳虚"，主要因为常年的劳损所致。孩子的肾虚则主要是"肾阴虚"，由孩子稚阴稚阳的体质特点所致。

　　什么是肾气虚呢？我们先来看看什么是"肾阴""肾阳"和"肾气"：

　　中医认为的"肾"不同于西医，它不单单指脏器器官，而是与"肾"相关的整个系统，包含物质和功能两个层面。

　　肾阴：中医将能够滋养脏腑组织，并促进人体生殖生长和发育的物质，称为"肾阴"（也叫肾精）。

　　肾阳：中医将另一部分能够温暖脏腑组织，给予人体动能和热量的功能，称为"肾阳"。

　　肾气：肾气就是耗能。我们知道，物质的转化需要消耗能量，同样，肾阴（肾精）转化成肾气，也会消耗元气。而元气就像刚出厂的煤气罐，由于每个人先天元精的不同，容量也各不相同，有的煤气罐可能装80%，有的煤气罐则有可能装90%，而带回家后，有人天天大火炒菜，有人则只是偶尔小火炖汤。以烧水为例：肾阳就如炉中的火；肾阴就如锅中的水，肾气就是火把水烧开后的水蒸气。火将水烧开就会产生蒸汽，肾阴在肾阳的作用下气化就会产生肾气。肾气的功能就像蒸汽机只管产生蒸汽，但蒸汽却可以推动火车轮船。水少了，就是肾阴虚；火少了，就是肾阳虚。水少或者火少都会导致肾气虚。

孩子与大人的不同就在于他们是稚阴稚阳之体，也就是身体的物质基础的结构功能都在成长发育阶段，并不稳定。孩子的肾气除了要担负日常的职责，还要比大人消耗更多的肾精去转化成肾气，去促进生长和发育。

所以相对来说"肾常不足"。

而孩子又是朝气蓬勃，生命活动非常旺盛。这就好比锅下的火大，而锅里的水少，也就是阳常有余，阴常不足。所以相比而言，孩子更多的是"肾阴常不足"。而到了冬天，孩子的肾气除了要应付成长发育，还要匀出一部分去提供更多的热量抵御寒冷，这样一来"锅里的水"就更少了，到了冬天，"肾阴"就更为不足，这也是为什么孩子在冬季生长发育比较缓慢的原因。

肾阴虚的孩子会有以下表现：

尿频：到了冬天老是上厕所。

尿床：大冬天，即使喝水很少，

尿床的次数却增加了。

发黄：小一些的宝宝，冬季头发会比其他季节更干更黄一些。

注意力不集中：大一些的孩子，注意力不是很集中，爱开小差。

阴虚火旺：冬天反而容易口角生疮、有眼屎、"上火"。

盗汗：寒冷的冬天里，孩子晚上睡觉却还流汗。高烧后的孩子更多见。

怎么给孩子补肾阴呢？

给孩子滋补肾阴，关键还是在"平和"二字，不能使用成人补肾的大药。适合孩子滋补肾阴的食物有：枸杞、石斛、冬虫夏草、鲈鱼、黑芝麻、黑豆、黑米、黑木耳、海带、紫菜、乌骨鸡等。

滋补肾阴先调理好脾胃。如果孩子消化不好，有明显的大便不正常、舌苔不正常，那就要先调理脾胃，而不能着急补肾。应先调理脾胃，滋阴生津。

关于滋补肾阴的食疗方，给家长们推荐"小儿五谷粉"。如果孩子消化好，没有病痛，可以给孩子打一些五谷粉，一周喝1~2次。芝麻、核桃、枸杞、淮山都是很好的滋养肾阴食材，煮汤、煲粥都适合孩子吃。

专家推荐食疗方1

小儿五谷粉

材料：黑芝麻10克，核桃10克，枸杞10克，淮山30克，糙米50克。

用法：将上述材料一起研磨成粉备用，吃时取适量加冷水煮沸，随后加牛奶或快熟麦片搅拌煮热即可。可以加糖调成甜品。

功效：补益肾精。

适用年龄：3岁以上孩子，消化好无病痛时分次食用。

专家推荐食疗方2

熟地粥

材料：熟地黄30克，陈皮5克，大米100克。2~3人份。

做法：熟地黄煮水30分钟，去渣留汁。同米、陈皮共熬煮成粥。

功效：滋阴补肾。

适用年龄：3岁以上。

⊙ 冬天如何给孩子巧进补

所谓"秋冬进补，来年打虎"，众所周知，冬天是进补的大好时机。冬天阳气弱，很容易发病，但如果冬天调理得好，孩子不仅不会发病，体质还会明显上一个门槛。所以，家长应充分利用冬天可以"进补"的时节特点，改善孩子体质。那么很关键一点，就是给孩子进补究竟要怎么做。

我们通常说的"补"，究竟是补什么？首先是要补益脾胃，脾是后天之本，孩子最需要的就是生长发育所需要的各种能量，而最主要的能量获取方式就是通过对食物的消化吸收来获取，这一切都跟脾胃直接相关。其次，阳气跟先天之本的肾肯定是分不开的，冬天肾主令，通过补益固实肾气，来改善孩子"虚"的情况。所以冬天给孩子进补，就是要补益脾肾。

1.进补之前，首先做好"引补"

这里说的"引补"，实际上就是调理脾胃。

一到立冬，很多地方都有进补的习俗。但是对于孩子，家长不要操之过急。

孩子进补的前提是消化状态良好。顾护脾，是调理孩子的第一步，

有了这第一步，才能有养心、补肾等后续的调理。如果孩子消化情况不好，要先助消化，以清淡饮食为主。家长应注意观察孩子舌苔、口气、大便、睡眠，但凡其中有一项有不正常的表现，就不可以给孩子吃太多、吃太好，更不要说进补了。此时要给孩子助消化，只有消化状态良好，进补才能被吸收，才会有意义。

如果这个阶段没有做好，入冬之后孩子就很容易出现"寒包火"，到时候孩子会出现如手足心发热、口干、便秘、舌尖红、嗓子疼、嘴唇干、牙龈肿痛等情况。

2.其次是要持续进补

很多家长给孩子进补，就是在节气那天突然给孩子吃一餐或者做一次食疗方大补，觉得这样就可以有明显的改善了。包括很多成人的养生，也都是这么做的。但是进补不是吃药，药也不是神仙丹，怎么能指望吃一次两次孩子就会有很明显的改善呢？

另外孩子本身脾的能力是相对较弱的，每次能消化吸收的量也是有限的。所以，给孩子正确进补，是要在对的时间内，持续地给孩子吃对的东西。每次不要太多，但要每天坚持，这样才能看到效果。

当然，也不是让孩子吃大鱼大肉大补，而是消化好的时候，每天给孩子吃一点适当的食材，控制好消化。

3.补阳气不能忽略补津液

这是很多家长都没意识到的问题。为什么大家会感觉"孩子补不进去"？除了因为孩子积滞，就是因为没有注意补充津液。

无论是补脾阳还是补肾阳，都不能忽略给孩子补津液。小孩的体质特点是生机勃勃，新陈代谢迅速。这个过程津液的损耗肯定是比大人更快的。比如说孩子好动，动一下就流汗，流汗就会损耗津液。阳气的运行，本身是要依托津液的。津液也叫阴津，如果只是一味地给孩子温补阳气，不补充津液，也是补不进去的。陈修园总结《伤寒论》就是六个字：保胃气，存津液。可见脾胃和津液的重要性。补充津液，最简单的方法就是喝水。不要等孩子喊渴了再喝水。秋冬流汗少，孩子相对少有渴的感觉，所以家长不要等孩子主动要水喝。

4.冬季注意补益脾肾

补脾最简单的药材是太子参、白术这两味药。食物可以多选择山药、炒扁豆、茯苓、芡实。

孩子补肾与成人不同，不适合大补的做法，温阳比较合适。比如说冬天可以给孩子多吃一些核桃、板栗、芝麻、黑豆、黑米、羊肉等。

补虚益气，可以选择羊肉，既补脾阳，又补肾阳。羊肉和不同的食材搭配，能起到健脾补肾、暖身养胃的功效，适当给孩子吃是非常合适的。

冬季进补，建议家长常常给孩子熬粥。早晨喝粥是最好的方式之一。首先，粥是特别适合孩子的食物，孩子肠胃功能弱，食物熬煮的时间长，

营养成分析出相对充分。同时也符合孩子需要吃温、吃软的体质特点。其次粥的形式可以承载各种各样的食材，简单好操作，可以每天做。每天一碗粥，有意识地选用一些适合的滋阴养肾的食材，持续地摄入，每天少量但容易被吸收，这样就能达到慢慢进补的效果。最重要的是，喝粥本身就是非常好的补充津液形式。早晨喝粥，加上一些馒头、包子或者番薯等粗粮，就是对孩子很好的养护方法。此外，粥也是很养胃的，经常喝粥，就能很好地"保胃气、存津液"。

专家推荐食疗方1

三味健脾粥

材料：淮山、扁豆、红枣、粳米各适量。

功效：健脾开胃。

专家推荐食疗方2

百淮润燥粥

材料：干山药、百合、红枣、薏苡仁、大米各适量。

功效：滋阴养胃、清热润燥。

⊙ 寒气袭人，谨防孩子着凉

进入冬天，孩子最多的生病原因，除了积食就是受寒。所以家长一定要了解怎么避免孩子受寒。处理好这个问题，孩子整个冬天生病的概率就会大大降低。

刚进入冬季，虽然气温还不是很低，但很多家长就会发现，不少孩子已经开始感冒咳嗽，打喷嚏大多也是流清水鼻涕居多。有些流黄浓涕的，起病初期也都是以流清鼻涕为主，这些主要是因为孩子受寒了。所以，家长要帮助孩子暖起来。具体要做到以下几点：

保暖，但是切勿"重衣温暖"。

冬天给孩子穿多点、穿厚点是不需要我叮嘱的，但情况往往是：家长给孩子穿太多了。无论是室内室外，都把孩子裹得严严实实。"重衣温暖，譬犹阴地之草木，不见风日，软脆不堪当风寒也。"给孩子穿太多，反而是孩子抵抗力偏低的一个原因。出汗后尤其要防风防寒。汗出当风，孩子马上就会受凉。如果穿很多孩子很容易出汗，反而增加了孩子受寒的机会。通常来说，孩子跟大人穿一样多，或者比大人穿多一件即可。摸孩子后颈，有没有热出汗或者有没有发凉，就是最好的判断孩子是冷是热的方法。

给孩子保暖，家长要注意什么呢？

1. 脚底要保暖

孩子身上穿很多，但是孩子在家里光脚跑来跑去，寒从脚下生，穿再多也没用。家长一定要督促孩子在家穿拖鞋，绝对不能光着脚。睡前可以给孩子用温水泡泡脚，一周1~2次，泡到微微出汗即可。

2. 小肚子要保暖

肚脐眼也就是神阙穴，位于中焦，几乎是脂肪层最薄弱的地方，神阙受冻，很快就会着凉感冒，脾胃肠道都会有问题。这个时候除了睡觉时要盖好孩子的肚子，白天穿一个背心、坎肩也是非常好的做法。

3. 脾胃暖，生冷寒凉要杜绝

如果孩子体内暖，外部的寒气就很难入侵。体内暖，就是我们说的阳气足。

首先要避免给孩子吃寒凉的东西。秋季润燥的食物比如秋梨等水果都是偏寒凉的，到了深秋不建议大家给孩子吃清润的食物，就是这个原因。其次家长天天给孩子喝的酸奶、香蕉、奇异果，其实都是偏寒凉的，冬季也不适合。秋冬干燥，一些清润

的糖水要少喝，防燥要以温润为主，这样就可以为入冬打好基础了。

入冬后，可以给孩子适当吃一些温热的东西。阳虚的孩子，在冬天吃些羊肉甚至狗肉，温补阳气。对于阴气不足的孩子，可以多吃点鸭肉、兔肉来滋阴养气血，虽然鸭肉和兔肉都偏凉，但是不寒。

除了吃肉，日常喝粥仍然是比较好的食疗方式。糯米、红枣、山药、板栗、芝麻、黑米等煮粥，都是很好的健脾益气的食疗方法。就是简单的红糖粥，也可以不时给孩子吃一点。

当然，给孩子温补的大前提就是孩子不能积食。如果孩子消化不好，那就不能给孩子温补甚至吃很多肉或者其他难消化的东西，否则反而容易生病。

4.晒太阳、推拿、泡脚，用外治法升补阳气

晒太阳。最好方法是晒背。时间最好在早上10点到11点，下午4点到5点间。有促进血液循环的暖身作用，也可以促进肠道钙、磷吸收，生成维生素D，有利于增强体质，促进孩子骨骼正常钙化。

泡脚。寒冷的冬季，孩子的脚底常常冰冷，大多数家长都忽略了给孩子换上厚袜子和厚棉鞋保暖，往往寒邪就这样慢慢侵袭孩子。回到家或者晚上睡觉前给孩子泡泡脚，可以起到很好的驱寒效果。一般一周帮孩子泡一次脚，不需要天天泡，温水就可以了。如果孩子没有感冒发烧，可以用艾叶煮水放温后给孩子泡脚，驱寒疏通气血的效果就更好了。

小儿推拿。最简单就是捏脚底。脚底有非常多的穴位，泡完脚帮孩子捏一捏，效果就更好了。小宝宝的脚很小，如果家长搞不清穴位，就简单揉一揉，可以把捏脚底当成游戏来跟孩子玩。

专家推荐食疗方1

蛤蚧猪腰汤

原料：蛤蚧1对，猪腰半个，姜片数片，红枣3枚。此为3人份。

做法：蛤蚧去头足鳞，研末，分五份，取一份。与生姜、红枣一起冲入沸腾水中煮15分钟，加入切块猪腰再煮沸15分钟即可。驱腥味必要时可以放少量黄酒，注意煮沸挥发酒精。

功效：温阳补肾。

适用年龄：3岁以上消化好时喝，喝汤不吃渣。

专家推荐食疗方2

姜汁糯米粥

材料：糯米150克，生姜10克，葱、米醋和白糖各适量。

用法：先将糯米煮成稀粥，加进切成片状的生姜、葱，再用文火煮5分钟，调入适量白糖、米醋即可，分次加热后服之。

功效：温胃散冷、补中健脾、发汗解表、增强脾胃功能。

适用年龄：3岁以上。

家长不用担心蛤蚧有激素等，关键在量的控制。冬季可以每周给孩子喝1~2次，服用7次后停两周。

⊙ 冬季流感肆行，如何有效防范

冬主收，阳气都收敛于内，人体抵抗力就会弱一些。孩子"稚阴稚阳"，阳气更不足，抵挡外邪的防御系统自然就会更薄弱。随着气温的逐渐降低，寒气越来越重，寒主凝滞，孩子的气血就会比平时更加阻滞不通，气血、阳气不到，寒邪再通过口鼻皮肤入侵，体质稍微弱一些的孩子就容易感冒发烧。

什么样的孩子最容易生病？

本身阳气不足，脾虚气滞的孩子这个时候最要注意。比如日常不爱吃饭、偏食挑食的孩子，经常便秘的孩子，或者经常喊肚子痛的孩子大多都脾虚。孩子日常脸色比较黄，眼袋青青紫紫，或者鼻梁上有青筋等，也是脾虚的表现，这些孩子在气候不好的时候，家长就要很警惕。脾虚气滞的孩子通常运化水湿的能力都会比较弱，体内有湿，湿邪黏滞加上寒邪凝滞最容易阻遏气机，气机不通，孩子就容易有各种各样的问题。

过敏性体质的孩子，长期有过敏性疾病的孩子，遇到寒潮，家长最是要谨慎注意。天气一冷，孩子咳嗽、打喷嚏等过敏性疾病发作的概率就更大，再加上强大的寒邪，是很容易刺激发病的。

有积食的孩子，这个时候最容易高烧。尤其是积食一段时间入里化热，这个时候外邪入侵，或者一些流感病毒一传染，这些孩子基本上是没有防御能力的，而且一感冒就是发热高烧。如果发现孩子大便不正常，或者舌苔厚腻，或者近期睡得不安稳，或者孩子口气酸酸臭臭，那就一定要尽快给孩子消食导滞。

做好这三招，孩子不感冒。

家长一定要重视预防，尤其是日常体质就不是太强的孩子，或长期有过敏性疾病的孩子，这个时候家长一定要在细节上顾护到位。做好以下三点，无论是预防流感还是一些季节性的儿童常见疾病，都会有很好的效果。

1.出门给孩子戴口罩和帽子

戴上帽子，保护百会。头为"诸阳之会"，冬季出门不戴帽子，寒湿容易侵袭头部，孩子也就很容易生病。

降温后，孩子最好戴上口罩再出门。冷空气通过口鼻直接进入呼吸系统，寒邪直达肺部。所以大部分中招的孩子都是呼吸系统疾病。戴上口罩，不仅能起到防止冷空气刺激呼吸道，还能起到保暖和湿润的作用。这一点对长期咳嗽、鼻炎甚至哮喘的孩子是很重要的。

2.经常给孩子泡泡脚

冬天常给孩子泡泡脚，一方面驱寒，另一方面能促进血液循环，从而起到疏通经络、缓解疲劳的作用，能减少外邪入侵的机会，达到预防感冒的目的。

3.避免积食，及时助消化

积食是孩子生病最大的原因，这个时候一定要及时观察孩子的消化情况。如果孩子的大便、睡眠、口气、舌苔有一项不是很正常，那就要让孩子吃一两天素，或者吃少一些。消化好，孩子就不容易生病。

如果孩子感冒发烧，应该如何合理应对？

冬天，感冒发烧一般都是由呼吸道疾病引起的，病位都比较浅，即便是流感也相对不是很严重。那么，如果孩子突发高烧应该怎么办呢？

1.首先，看孩子的精神状态

孩子生病的时候，家长第一要观察的就是孩子的精神状态。如果精神萎靡、脸色惨白，甚至有呼吸困难等问题，就要马上去医院就诊。即便是半夜也不能耽误。如果孩子只是不舒服，精神比平时稍差一些，能睡觉，

那家长可以在家做一些应急的处理。

2.超高热或者超低热，都要马上送医院

如果孩子发烧高于41℃，或者体温低于35℃，一定要立刻送到医院就诊，不能犹豫。超低热可能比超高热更危险。

3.千万要记得不可捂汗

孩子大冷天发高烧，究竟是要穿多一些防寒，还是要穿少一些散热？很多家长都搞不清楚。首先孩子高烧时千万不能捂汗，一定要让孩子散热。在室内温度比较高、没有风的情况下，要打开孩子的外套，让孩子脖颈、手脚露出来散热降温；如果在外面，比如在去医院的路上，就要穿好衣服防寒，保护头面部不要受冷。到了车里或者室内的地方，就要再解开衣服帮助孩子散热。

⊙ 冬季，改善过敏儿体质的关键期

什么样的孩子属于过敏体质？有过敏性疾病的孩子，如过敏性咳嗽、鼻炎、湿疹反复、哮喘等，就是过敏体质。明确患有这些疾病的孩子，情况一般比较严重，家长也会格外重视。但是临床上，其实还有相当一部分过敏体质的孩子，家长是根本不知道的，只是知道孩子的身体有各种问题，容易生病，很难养，孩子反复生病，经常跑医院，很苦恼。其实有相当一部分是过敏体质。比如说：现在很高发的腺样体肥大的孩子，很多都是过敏性鼻炎引起的；再比如说，有的孩子老是揉眼睛，但又查不出什么问题，家长以为是看手机看电视多了，其实是早期的过敏性眼结膜炎。最常见的就是反复湿疹或者皮肤经常长各种疹子，这类孩子大多也是过敏体质。

过敏性疾病，基本都是本虚标实，脾本的能力是虚弱的。过敏体质的孩子，抵抗力会比一般的孩子差。随着孩子年龄的增长、生长发育的健全，到十几岁的时候这些问题会慢慢好转。但是孩子的体质基础肯定会比较差，需要更多的养护和锻炼。如果在幼儿期没有及时调理好，爆发严重的过敏性疾病，有可能会影响终身。如果家长重视，在幼儿期调理好孩子体质，会有事半功倍的效果。而调理孩子体质，给孩子补虚的最好时机就是冬季。

冬季是补虚的最好时机。

《黄帝内经》中说：阴阳者，天地之道也。意思是说，阴阳，是万物运行最根本的规律。一年四季也是按阴阳规律运行的。春生夏长秋收冬藏，一年四季，阴阳之气周而复始，循环不息。如果冬季收得多，整一年的阳气都会很充沛。阳气充足，孩子抵御外邪的能力就会变强，也就是我们说的抵抗力变强。

孩子阳气是否充足，肾阳也是很关键的。冬季五行属水，对应五脏六腑为肾，肾为先天之本，父母给孩子的先天之精都藏在肾中。肾位于身体的下部，中医称下焦。只有肾阳充足，就如下焦有一团火一直燃烧，体内的寒湿阴邪才会被这团火烧化，就像一盆水被火烧开变成蒸汽蒸腾而上一样。因为此时阳气都藏在体内，脾胃阳气也会很充足，消化吸收功能会更好。此时进补比其他时间更有优势。

过敏体质的孩子冬季如何食补？

结合冬季的特点和过敏体质的孩子的特点，冬天可以大胆一些，给孩子吃一些温补的食物，同时配合一些合理的养护和外治来改善孩子的体质。

1.首先，保证孩子"补得进去"

消化不好的时候，一定不能进补，饮食要清淡，否则，很容易导致疾病复发。过敏体质的孩子脾胃都会比较虚寒，积滞的机会会更大，家长就更要重视日常调理，消食导滞的同时，还要健脾。

2.杜绝寒凉的食物

不要经常给孩子吃这些寒性的食物。

性寒水果：猕猴桃、马蹄、柿子、香蕉等。

性寒蔬菜：冬瓜、苦瓜、鱼腥草、白菜、马蹄、白萝卜等。

性寒的水产：田螺、螃蟹、蛤蜊等。

以上这些要和温性的食物搭配吃。另外，要注意酸奶也是寒凉的，很多孩子常年吃，天天吃，最好改掉。

3.适当增加温热的食物

性温的水果：菠萝蜜、山楂、金橘、龙眼、樱桃、大枣等。

性温的坚果：核桃、松子、花生等。

性温的蔬菜：南瓜、洋葱、韭菜、大蒜。

性温的肉类：羊肉、猪肚、牛肉等。

性温的水产：黄鳝、带鱼、海参、鲍鱼等。

4.循序渐进地补

过敏体质的孩子，很容易积食，不要一下子给孩子吃太多温热的食物、热量高的食物，在孩子消化好的时候，隔天吃一点，少吃多餐。如果炖汤，可以看孩子的消化情况两三块肉炖一小盅。如果消化好，隔天吃都可以。或者早上用两三块肉来煮粥。像栗子、核桃、南瓜这些食物，可以每天吃一点。像羊肉、猪肚、海参这些食物，可以一周吃1~2次。如果孩子有积食的表现，就要停下来，先助消化。

生活起居的照顾要重视。

1.减少接触过敏原

冬季更要避免孩子接触明确会过敏的东西，如果孩子发病，过敏期间什么都不能进补。不建议小婴儿在未明确牛奶是否过敏的情况下频繁换奶粉，建议先通过控制消化来控制过敏的概率。

2.生活作息要规律，保持充足的睡眠

晚上要比夏天时早睡半小时左右，早晨起床要等待天亮，比平时晚起半小时左右，这样才能让阳气在体内好好地藏养。如果冬天天气太过干燥，最好使用加湿器或在房间放一盆水让空气湿润，避免燥邪伤阴。

3.出门注意保暖，不要受凉

早晨和傍晚的阳气都比较弱，尽量避免出门玩耍。上午10点左右阳气逐渐升起，可以出门晒晒太阳，同时补充阳气。避免傍晚出门疯玩，尽量不要太兴奋。

巧用"三九天灸"增强孩子体质

冬天，过敏体质的孩子是比较难过的，建议家长在调理过敏体质的过程中，顺应时节变化，采用合适的外治法来帮孩子增强体质。三九天灸就是一种比较不错的外治法。

三九灸作为传统天灸的一种，属于中医传统灸法中非火热灸，又名自灸、冷灸，也称"药物发泡"或"敷贴发泡"，是通过用特定中药制成药膏敷贴于穴位，借助药物的刺激作用，致使局部自然充血、潮红甚至发泡，达到强身健体、治疗疾病的效果。

我国民间将冬至后的81天划分为九个阶段，每一个阶段九天，作为对寒冬的计时方法。所以，也就有了"冬九九""数九寒天"的说法。第一个九天叫作"一九"，第二个九天叫"二九"，第三个九天叫"三九"，以此类推。

冬至就是"一九天"的第一天。冬至这一天北半球得到的阳光最少。北京的白昼时间仅有9个小时。虽然不是最冷的时候，但是日照时间却最短。所以冬至一过，人体就进入了全年阴气最盛，阳气最为收敛的时候。这段时间，也是补气助阳、扶正祛邪的好时候。因为这个时候，人体最虚缺，进补最容易被吸收。这也是中医"夏病冬防、冬病夏治"有很好效果的原因。它治病的原理不是针对性的疾病治疗，而是通过总体补充身体的阳气来达到祛除外邪的目的，也就是我们说的增强体质。

三九天灸，是在人体对阳气最为匮乏的时候进行添补。中医说"久病必虚"，过敏性疾病反复缠绵难愈，长期对孩子身体阳气的损耗，导致这类孩子基本上体质都偏虚偏寒，因此可以利用这个时机做天灸。在儿科中，天灸在一些慢性疾病的治疗中使用最多，例如：小儿支气管哮喘、小儿过敏性鼻炎等。此外，像小儿腹泻、小儿肺炎、小儿反复呼吸道感染、小儿遗尿等，也都可以借此进行治疗和缓解。

需要提醒家长的是，天灸应在医生的指导下操作。尤其是对严重过敏性疾病的孩子，更要跟医生进行沟通。在天灸之前，最好先咨询医生自己的孩子是否适合，要注意哪些方面，以及天灸后的护理、饮食注意等。切忌自己在网上或者非正规的店铺买药贴敷。

如果错过三九天灸，家长也可以在这段时间给孩子吃一些温补的食物、做一些补法为主的推拿按摩，同样可以起到温阳补气的效果。

专家推荐食疗方1

桑葚饮

材料：桑葚、蜂蜜各适量。

用法：在桑葚丰收季节，将新鲜采摘的桑葚制成蜜饯，冬季可以冲水服用。

功效：补益肾脏。

适用年龄：3岁以上。

专家推荐食疗方2

黑豆黑芝麻粥

材料：黑豆50克，黑芝麻30克，黑米100克。

用法：共煎熬成粥状即可。

功效：滋阴补温。

适用年龄：3岁以上。

吃对这两种食物，让孩子过个好冬

⊙ 白萝卜——"小人参"

关于白萝卜，我们常听到一句谚语，"冬吃萝卜夏吃姜，不劳医生开处方"。说明古人很早就明白冬天吃白萝卜有益身体健康的道理。冬天的饭桌上是少不了白萝卜的。那么，冬天吃萝卜究竟好在哪呢？给孩子吃的时候要注意什么问题？

白萝卜有哪些功效？

白萝卜成熟干燥的种子叫莱菔子，具有消食除胀、降气化痰的功效，由此推知，白萝卜也具有一定的药用价值。

白萝卜素有"小人参"之称，李时珍对其十分偏爱，在《本草纲目》将其列为"蔬菜中之最有利益者"，命名为"萝卜"，并一直延续至今。白萝卜味辛、甘，归肺、胃经，性凉。《中药大辞典》中记载：萝卜具有消食、下气、化痰、止血的功效，可以治疗消化不良、食积胀满、吞酸、反胃、肠风、泄泻、痢疾、便秘等疾病。

对于孩子，我向来是不主张吃太寒凉的食物，不过白萝卜性虽凉，却不会太寒，不算大寒之物。偏于益脾和胃、

消食下气。

冬天为什么要吃白萝卜？

我之前提到，秋冬之际要放开手给孩子补阳气，那为什么还要吃性凉的萝卜呢？这与冬季的气候特点有关。

秋冬时节，天气转冷，阳气逐渐收敛，人体皮肤腠理也处在收缩状态，阳气很好地潜藏在我们的体内，人体处在一个外冷内热的状态，这时候食欲大开。当吃的食物增多，就容易"积"，积久了就会化热，所以这个时候吃白萝卜来清热消积是最恰当不过的了。孩子天生脾常不足，消化功能较弱，更容易出现积食，积滞郁而化热，必然会加剧内热。此时，脾胃积热的孩子就会出现口干、口臭、咽喉痛、便秘等情况。白萝卜不仅能够消积、清热，还能润燥。所以，冬季想给孩子补一补，调理孩子的体质，家长就要学会如何给孩子吃白萝卜。

孩子吃白萝卜要注意哪些问题?

首先,不要给孩子吃生的白萝卜。生的白萝卜性寒,小朋友都是虚寒的,脾胃功能弱,吃太多寒凉的生萝卜容易伤阳。

其次,在吃中药、用药补的时候,避免吃白萝卜。由于家长很难控制好食量,吃白萝卜容易破坏药补的功效,所以在中药调理的阶段,特别是吃参、吃中药处方的时候,就要避免给孩子吃白萝卜了。

跟温热的食物搭配,炖煮久一些,能达到较好的行气消积的功效;同时搭配羊肉、牛肉等来炖煮,中和使用,效果更佳。

另外,寒证、虚寒或者外感寒邪的病症,比如寒性腹泻、寒咳等,都不适合吃性凉的白萝卜。

值得注意的是,白萝卜和胡萝卜不宜一同食用。白萝卜含有丰富的维生素C,而胡萝卜却恰恰含有一种能破坏维生素C的物质,同食会破坏白萝卜的营养,影响孩子对营养的摄入和吸收。

专家推荐食疗方1

山药白萝卜粥

材料: 白萝卜50克,山药20克,大米100克。

做法: 山药浸泡一夜,切薄片;白萝卜去皮,切薄片;大米淘洗干净;将大米、白萝卜、山药一同放入锅内,加清水800毫升,烧沸,再用文火煮35分钟。

功效: 健脾胃,益肺肾,补虚赢。

适用年龄: 1岁以上分次服。

专家推荐食疗方2

白萝卜牛腩汤

材料: 白萝卜200克,牛腩250克,葱5克,生姜数片。

做法: 牛腩焯水去腥,加姜片放入砂锅炖熬半小时,再加切块白萝卜和切段葱茎,加水2升,煮至白萝卜松软为止。

功效: 清凉补益。

适用年龄: 3岁以上分次服。

⊙ 羊肉——补虚佳品

羊肉是冬天补虚的首选食材，但羊肉性热，很多家长担心给孩子吃羊肉会太燥热，不好消化。其实家长的担心不无道理。那么究竟能不能给孩子吃羊肉？应该怎么吃？

中医认为："虚则补之"，小孩子阳气虚弱，自然需要升扶阳气。冬天帮孩子升扶阳气，就是补脾阳、补肾阳，既能入脾、肾，又温热而不过燥的食材，当选羊肉。

羊肉，味甘，性热。入脾、肾经，补肾阳，益脾气，温中焦。具有补虚益气、温中祛寒、开胃健脾、益肾助阳的功效，能从根本上呵护和助益孩子阳气，因此，其温阳补虚效果比起其他性热助阳的食物更好。但羊肉虽好，并不适合每一个孩子，也不是任何时候都能吃的。

羊肉，什么样的孩子不适合吃?

羊肉补虚效果极佳，但其性温热，偏阳虚的孩子适合吃羊肉；偏阴气不足的孩子如果吃羊肉，很容易燥上加燥，反伤阳气。所以，家长在准备给孩子进食羊肉前，要先分清楚孩子的体质是偏阳虚，还是偏阴虚。

阳虚的孩子适合多吃羊肉补虚。

反复生病的孩子，最容易损伤脾肾阳气，阳虚则显寒象，因此，阳虚的孩子总是怕冷，多有以下的症状：畏寒怕冷、四肢冰冷；面色苍白，精神不振；大便溏薄，夹杂着未消化的食物；舌苔淡白有齿痕等。如果孩子经常性出现这些情况，可以在消化情况良好时，适当吃点羊肉温补阳气。

　　阴虚的孩子不适合吃羊肉。孩子体质的特点是虚寒，阳气稚嫩，很容易出现阳气虚的情况。但不同的季节会有所变化。夏天，孩子多是阳虚于内，但冬天，则多可能阴虚于内。如果孩子在秋末冬初没做好润燥滋阴的工作，很可能出现阴虚火旺、体内蕴热的情况，比如，如果孩子口干舌燥、手足心热、大便硬结的话，就不能给孩子吃羊肉了。此时绝对不适合吃羊肉进补，否则会燥上加燥，有害无利。

羊肉，孩子应该怎么吃？

　　羊肉性温热，还有温补助阳的功效，成人吃多了都可能会感觉"躁"，更何况脾胃虚弱的小孩子。脾胃弱，消化跟不上，郁而化热，就更容易上火。所以，吃羊肉之前，不仅要先判断孩子的体质是否偏阳虚，还需要判断孩子的消化状况是否良好。

　　至于怎么吃，家长最担心的问题肯定是：羊肉会不会太燥热、易上火，会不会不好消化。怎样能使羊肉少燥热、易消化，在烹饪上是很有讲究的。给孩子吃羊肉，注意以下三点：

1.孩子消化情况好时才能吃

　　积滞的情况下是不能吃肥甘厚腻的食物的，更别说羊肉这样温热的食物。所以首先要调理孩子的消化情况，不要让孩子积食。如果孩子消化良好，就可以给孩子吃些羊肉了。如果孩子消化情况不好，就要先调理积食，消化好之后再吃。

2.热则寒之，搭配凉性的食材减少"燥热"

　　羊肉温热，最简单的方法就是搭配其他凉性的食材来中和。在炖煮羊肉的时候，可以搭配豆腐、白萝卜、冬瓜、马蹄、青皮甘蔗等清热泻火的凉性食物。最好就是白萝卜，"冬吃萝卜夏吃姜"，白萝卜不仅能中和温燥，还能帮孩子理气健脾。

注意：给孩子烹煮羊肉不要加入滋补的药材，如当归、人参、黄芪等；少放或不放温辛燥热的调料，如胡椒、孜然、茴香、八角等，否则容易热上加热。但为了去除羊肉的膻味，可以放入不去皮的生姜，因为姜皮辛凉，有散火除热的作用。

3.煮粥，少吃多餐

《饮膳正要》中认为冬季宜服羊肉粥，以温补阳气。粥本身最养孩子，对孩子的脾胃五脏都很有助益，补益阴液、生发胃津，既暖脾胃、易消化，又润燥滋阴，一举多得。容易消化，也使得食材的功效得到充分发挥。

除此以外，每次给孩子吃羊肉不能太多，孩子一次吃2~3块就很不错了，吃多了容易积滞。少吃多餐，这样才能有比较好的调理效果。对于小一些的孩子，比如1~2岁的孩子，可以只喝些粥水。给小宝宝煮粥时尽量去掉皮和肥肉，用瘦肉部分来煮粥，煮好后，最好去掉一些油腥。

专家推荐食疗方1

山药羊肉粥

材料： 羊肉50克，山药50克，粳米100克，盐、葱花、姜末少量。

做法： 羊肉洗净，切碎，入油锅煸炒，加入盐、葱花、姜末继续煸炒至熟透；山药去皮洗净，切小块，粳米淘洗干净，放锅中加适量水煮沸，放入山药块小火煮成粥，再加入炒熟的羊肉煮沸即可。

功效： 健脾补肾。

专家推荐食疗方2

白萝卜羊肉汤

材料： 羊肉500克，白萝卜半根，姜、蒜、葱、盐少量。

做法： 羊肉洗净，切成小块，放入沸水中焯一下，洗净；白萝卜洗净，切块；砂锅中注水，旺火烧沸后放入羊肉，撇去浮沫，放入葱、姜，转小火将羊肉炖至七成熟；放白萝卜炖15分钟，放盐调味即可。

功效： 暖身养胃。

小儿冬季饮食调理

Chapter 1

Chapter **2**

营养、天然的
冬季时令保健食谱

17
千卡/100克

白菜

- 别名：大白菜、黄芽菜、黄矮菜、菘。
- 性味：性平，味苦、辛、甘。
- 归经：归肠、胃经。

中医认为，白菜性平味甘，能养胃生津，除烦解渴，利尿通便，清热解毒，为清凉降泄兼补益良品。冬天是吃白菜的最好季节，这个季节的白菜，不仅价格便宜，而且营养价值较高，含有90%以上的纤维素，有助于儿童生长发育。由于白菜易消化，含铁量较高，常吃可防缺铁性贫血。白菜含水量很高，而热量很低，所以常吃白菜能预防肥胖症。冬季空气干燥，寒风对人的皮肤损害很大，白菜中含有丰盛的维生素，可以起到很好的护肤和养颜的效果。白菜还富含膳食纤维，能起到润肠通便的作用。对于容易上火的人，多吃大白菜还有清火的作用。

饮食宜忌：白菜虽然益处很多，但它的性偏凉，胃冷腹痛、大便溏薄和痢疾患者不能多吃，甚至不宜吃。

选购保存

挑选白菜的妙招：一看颜色，白菜一般挑白色的，因为白色的大白菜会甘甜一些，口感更好。二看外表，一般要挑卷得密实的，同时也要看看根部，根部小一点更好。三看叶茎，叶茎水分比较足的白菜较新鲜，存放的时间能更长一些。

如果温度在0℃以上，可在白菜叶外套上塑料袋，口不用扎，根朝下戳在地上即可。

营养成分

含糖、脂肪、蛋白质、粗纤维、钙、磷、铁、锌、胡萝卜素、尼克酸、多钟维生素、核黄素等。

鱼骨白菜汤

食材准备

鱼骨 ·······························300克

大白菜 ·························100克

姜片、葱花······················各少许

盐 ································· 2克

料酒、食用油···················各适量

食用时注意提醒幼儿，避免吞食鱼骨。

制作方法

1 将洗净的大白菜切成小段，待用。

2 用油起锅，倒入姜片爆香，倒入鱼骨煎至焦香，加入少许料酒炒匀，注入适量清水，加盖，用中火焖约5分钟至汤汁呈奶白色。

3 揭盖，倒入大白菜，拌匀，煮熟；加入盐，搅拌均匀，用小火略煮片刻至入味。最后将煮好的汤盛入碗中，撒上葱花即可。

鲮鱼白菜粥

食材准备

水发大米	150克
豌豆	100克
大白菜	50克
豆豉鲮鱼	50克
鲜香菇	40克
姜丝、葱花	各少许
食用油、盐	各适量

制作方法

1. 将洗净的大白菜、香菇分别切成丁，豆豉鲮鱼切成小块。

2. 砂锅中注入800毫升清水烧开，放入洗净的大米，拌匀，再淋入少许食用油，搅拌均匀，盖上盖，煮沸后用小火煮约30分钟至大米熟软。

3. 揭盖，倒入洗净的豌豆，再倒入香菇、大白菜，拌匀，盖上盖，用小火煮约4分钟至食材熟透。

4. 揭盖，放入姜丝和豆豉鲮鱼，煮沸，加入盐，拌匀调味。关火后盛出煮好的粥，撒上葱花即可。

小贴士

若宝宝喜欢吃较嫩的白菜，可选择在调味时下入白菜，拌煮至断生即可。

食材准备

大白菜	30克
豆腐	50克
葱花	少许
盐	2克
食用油	适量
生姜	10克

制作方法

1 将洗净的大白菜切成小段，洗好的豆腐切成小方块，待用。

2 锅中注入适量清水烧开，加入少许食用油、盐，放入豆腐、生姜，搅拌均匀，煮约2分钟；再放入大白菜，煮约1分钟至熟。

3 关火后将汤盛入碗中，撒上少许葱花即可。

 小贴士

煮大白菜的时间不宜太长，以免破坏其营养成分。

白菜饺

食材准备

肉末 ·····················100克

大白菜丝 ·················150克

胡萝卜丝 ·················100克

鲜香菇丝 ··················40克

木耳丝 ····················30克

饺子皮 ···················适量

盐、芝麻油··············各2克

制作方法

1. 把大白菜丝装入碗中，加入适量盐，拌匀，去掉多余的水分后，再加入胡萝卜丝、香菇丝、木耳丝，放入盐、芝麻油，拌匀，再加入肉末，搅匀，制成馅料待用。

2. 取适量馅料，放在饺子皮上，收口，捏成三角包状，选其中一边向中心捏出一个小窝，其余两边各捏出花纹，制成生坯，在小窝里放上菜梗粒装饰。

3. 把生坯放入垫有笼底纸的蒸笼里，再放入烧开的蒸锅中，加盖，用大火蒸5分钟即可。

小贴士

切好的大白菜加盐，拌匀后腌一会儿，可以去除大白菜多余的水分，这样馅料更加紧实，有嚼劲。

牛肉白菜汤饭

食材准备

牛肉·····························100克

虾仁······························60克

胡萝卜·····························50克

大白菜·····························50克

米饭·····························130克

高汤、芝麻油·····················各适量

制作方法

1 将牛肉放入沸水锅中汆煮约10分钟，捞出，沥干水分，放凉待用。将虾仁放入沸水锅中，煮至变色，捞出，沥干水分，待用。

2 将洗净的胡萝卜、大白菜及放凉的牛肉均切成小粒，虾仁剁碎，待用。

3 砂锅置于火上，倒入高汤，放入牛肉、虾仁、胡萝卜，拌匀，盖上盖，烧开后用小火煮约10分钟。

4 揭盖，倒入米饭，搅散，放入白菜，拌匀，再盖上盖，用中火续煮约10分钟至食材熟透。揭开盖，淋入芝麻油，搅拌均匀即可。

小贴士

白菜含有蛋白质、膳食纤维、胡萝卜素、维生素E等营养成分，具有开胃消食、通便排毒等功效。

21
千卡/100克

黑木耳

- 别名：云耳、树耳。
- 性味：性平，味甘。
- 归经：归胃、大肠经。

营养成分

含蛋白质、脂肪、碳水化合物、粗纤维、钙、磷、铁、维生素 B_1、维生素 B_2、烟酸等。

食用价值

黑木耳被营养学家誉为"素中之王"。中医认为，黑木耳性平味甘，有补气、益智、生血之功效，对贫血、腰腿酸软、肢体麻木有非常好的食疗效果。黑木耳中含有丰富的植物胶原成分，它具有较强的吸附作用，对无意食下的难以消化的头发、谷壳、木渣、沙子、金属屑等异物也具有溶解与氧化作用。因此，常吃黑木耳能起到清理消化道、清胃涤肠的作用。另外，黑木耳中铁的含量极为丰富，是各种荤素食品中含铁量最多的，可以及时为人体补充足够的铁质，是一种天然补血食品。

饮食宜忌： 黑木耳滋润，易滑肠，患有慢性腹泻的宝宝应慎食，否则会加重腹泻症状。

选购保存

黑木耳一般以干货较为常见，凡朵大适度，耳瓣略展，朵面乌黑有光泽，朵背略呈灰白色的为上品；朵稍小或大小适度，耳瓣略卷，朵面黑但无光泽的属中等；朵形小而碎，耳瓣卷而粗厚或有僵块，朵灰色或褐色的较次。

干黑木耳保存时注意干燥、通风、凉爽即可，避免阳光直射，避免压重物或经常翻动导致碎裂。只要保存得当，一般能放置较长时间。

南瓜木耳糯米粥

食材准备

水发糯米 ·······················100克

水发黑木耳·······················60克

南瓜 ·······························50克

盐·····································2克

葱花、食用油 ··················各少许

小贴士

木耳切好后用温水泡一会儿，能改善成品的口感。

制作方法

1　将洗净去皮的南瓜切成小丁，洗净的黑木耳切碎。

2　砂锅中注水烧开，倒入糯米，拌煮至沸，再放入切好的黑木耳，搅拌均匀，盖上盖，烧开后转小火煮约30分钟，至食材熟软。揭盖，倒入南瓜丁，快速搅拌均匀，再盖上盖，用小火续煮约15分钟，至全部食材熟透。

3　揭盖，加入少许盐，搅匀调味；淋入少许食用油，转中火煮至入味。关火后盛出煮好的糯米粥，装入碗中，撒上葱花即可。

肉末木耳

食材准备

猪瘦肉 ·· 20克

水发木耳 ····································· 35克

胡萝卜 ·· 30克

盐、生抽 ····································· 少许

食用油 ·· 适量

制作方法

1. 将洗净去皮的胡萝卜切粒，洗净的水发木耳切碎。

2. 用油起锅，倒入肉末，搅松散，炒至转色；淋入少许生抽，拌炒香；再倒入胡萝卜，炒匀。

3. 放入木耳，炒香；倒入适量清水，拌炒匀；加入适量盐，炒匀调味。

4. 关火后将炒好的食材盛入碗中即可。

 小贴士

　　洗净的木耳用淘米水浸泡后再烹制，味道更佳。

扫一扫
美味跟着学

食材准备

水发木耳	80克
去皮山药	200克
红彩椒	40克
圆椒	40克
葱段、姜片	各少许
盐	2克
食用油	适量

制作方法

1 将洗净的圆椒对切开，去籽，切成小块；将洗净的红彩椒对切开，去籽，切成小片；将洗净去皮的山药切开，再切成片。

2 锅中注入适量清水烧开，倒入山药片、木耳、圆椒块、彩椒片，拌匀，汆煮片刻至断生，捞出，沥干水分，待用。

3 用油起锅，倒入姜片、葱段，爆香，再放入汆煮好的食材，加入盐，翻炒片刻至入味即可。

小贴士

切好的山药可放入盐水中浸泡片刻，以免氧化。

木耳虾皮炒鸡蛋

水发木耳 ·································· 适量

鸡蛋 ···································· 1个

虾皮 ···································· 适量

食盐 ···································· 2克

蒜末 ···································· 4克

食用油 ·································· 适量

制作方法

1 鸡蛋打入碗中，加入洗净的虾皮，
搅拌均匀，打散，待用。

2 锅中加入适量食用油，将打散的虾
皮蛋液放入锅中，快速翻炒熟，盛
出待用。

3 利用锅中余油炒香蒜末，再放入木
耳，翻炒至木耳发出噼啪声，加入炒
好的鸡蛋，放入盐，翻炒片刻即可。

 小贴士

虾皮含钙丰富，十分适合幼儿食用。

山楂木耳蒸鸡

食材准备

鸡块	200克
水发木耳	50克
干山楂片	10克
葱花	4克
生抽	2毫升
盐、白糖	各2克
食用油	适量

制作方法

1 取一碗，放入鸡块，加入生抽、盐、白糖、食用油、葱花，用筷子搅拌均匀。

2 倒入洗净的木耳、干山楂片，拌匀，腌15分钟。

3 蒸锅注水烧开，放入腌好的食材，用大火蒸30分钟，至食材熟透即可。

鸡块可以剁小一点，这样更容易入味。

21
千卡/100克

白萝卜

- 别名：莱菔、罗菔。
- 性味：性凉，味辛、甘。
- 归经：归肺、胃经。

营养成分

含蛋白质、糖类、B族维生素和大量的维生素C，以及锌、铁、钙、磷、粗纤维、芥子油和淀粉酶等。

食用价值

白萝卜味辛甘，性凉，入肺胃经，在冬天吃白萝卜可清热化痰，消积除胀，解除积热。因此，在我国民间有"冬吃萝卜赛人参"的说法。中医认为，白萝卜可以辅助治疗多种疾病，为食疗佳品。本草纲目称之为"蔬中最有利者"。现代研究认为，白萝卜含芥子油、淀粉酶和粗纤维，具有促进消化、增强食欲、加快胃肠蠕动和止咳化痰的作用；还含有丰富的维生素C和微量元素锌，有助于增强机体的免疫功能，提高抗病能力。

饮食宜忌：白萝卜具有行气、消滞、通便的功效，腹泻者食用不利于病情恢复。

选购保存

选购技巧：一看外形，应选择个头大小均匀，根形圆整者。二看表皮，白萝卜应选择表皮光滑、皮色正常者。三看有无开裂、分叉，白萝卜开裂、分叉是由于生长发育不良而造成的，这种萝卜不仅外观不好看，而且质量差。四看大小，买白萝卜不能贪大，以中型偏小为佳，这种白萝卜肉质比较紧密，口感好。五掂重量，应选择比重大、分量较重、掂在手里沉甸甸的。

白萝卜最好能带泥存放，如果室内温度不太高，可放在阴凉通风处保存。

蜂蜜蒸白萝卜

食材准备

白萝卜 ·························· 200克

枸杞 ···························· 8克

蜂蜜 ···························· 50克

小贴士

浇上蜂蜜后需静置一会儿再食用，这样会更入味。

制作方法

1 将洗净去皮的白萝卜切成片，放入蒸盘中，摆好，再撒上洗净的枸杞，待用。

2 蒸锅上火烧开，放入蒸盘，盖上盖，用大火蒸5分钟，至白萝卜熟透。

3 揭开盖，取出蒸盘，趁热浇上蜂蜜即可。

食材准备

白萝卜 80克

制作方法

1 将洗净去皮的白萝卜切小片，待用。

2 锅中注入适量清水烧开，放入白萝卜片，拌匀，用大火煮开后转小火煮约10分钟。

3 将煮好的汤汁盛入碗中，放凉后即可饮用。

小贴士

对于1岁以上的宝宝，也可以加入少量蜂蜜，二者搭配起来，还可以起到缓解感冒咳嗽的作用。

扫一扫
美味跟着学

白萝卜稀粥

食材准备

白萝卜 ······························100克

水发大米 ························ 50克

制作方法

1 将洗净去皮的白萝卜切成小块。

2 将切好的白萝卜块放入榨汁机中，加入少许温水，榨成汁，倒出待用。将泡发好的大米倒入榨汁机中搅成米碎。

3 砂锅中注入适量清水烧开，放入米碎，煮开；再倒入白萝卜汁，边煮边搅拌，煮15分钟左右至米碎熟烂即可。

 小贴士

　　倒入白萝卜汁后，一定要不停地搅拌，否则容易糊锅。

紫菜萝卜饭

食材准备

白萝卜 ·························· 50克

胡萝卜 ·························· 50克

水发大米 ······················ 100克

紫菜碎 ·························· 15克

制作方法

1 将洗净去皮的白萝卜、胡萝卜切成碎，待用。

2 砂锅注水烧开，倒入泡好的大米，搅匀；再放入白萝卜碎、胡萝卜碎，搅拌均匀，加盖，用大火煮开后转小火煮45分钟至食材熟软。

3 揭盖，加入紫菜碎，搅匀，再次盖上盖，焖5分钟至紫菜味香浓即可出锅。

 小贴士

可以留一些紫菜撒在煮好的饭上，以增加口感。

葱香白萝卜肉丝汤

食材准备

白萝卜 ························· 100克
猪瘦肉 ························· 150克
葱花 ···························· 3克
料酒 ··························· 3毫升
盐 ····························· 2克
食用油 ························· 适量

制作方法

1 将洗净去皮的白萝卜切成丝，待用。将洗净的猪瘦肉切成丝，装入碗中，加入料酒、盐，搅拌均匀，注入食用油，腌半小时至入味。

2 砂锅中注入适量清水，倒入肉丝、白萝卜丝，盖上盖，煮开后转小火煮20分钟至食材熟软。

3 揭盖，加入盐、葱花，拌匀调味即可。

 小贴士

肉丝可以多腌一会儿，口感会更新鲜。

76
千卡/100克

土豆

- 别名：山药蛋、洋番薯、洋芋、马铃薯。
- 性味：性平，味甘。
- 归经：归胃、大肠经。

营养成分

富含糖类，特别是淀粉质含量高，还含有氨基酸、蛋白质、脂肪、纤维素、维生素B$_1$、维生素B$_2$、维生素C和矿物质钙、磷、铁等，以及丰富的钾盐。

食用价值

土豆具有很高的营养价值和药用价值，含有多种营养成分，营养结构也较合理，有"地下苹果"之称。它含有丰富B族维生素、大量优质纤维素、微量元素、氨基酸、蛋白质、脂肪与优质淀粉等营养元素，有很好的呵护肌肤、保养容颜的功效。幼儿吃土豆可以美白、润滑肌肤，起到美容护肤的效果。土豆还含有大量的蛋白质和B族维生素，可以增强体质，而且蛋白质具有提高记忆力和让思维清晰的作用，因此常食土豆有利于幼儿智力的发展。

饮食宜忌： 土豆的淀粉含量过高，食后会有饱腹感，所以肠胃不佳，或者经常肚胀打嗝的人不宜多吃土豆。

选购保存

土豆要挑表皮光洁、芽眼较浅的，这样的土豆好削皮。要尽量挑选个头肥大而匀称的，表皮无干疤和糙皮，无病斑、虫咬和机械外伤，不萎蔫、变软，无发酵酒精气味的最好。另外还要注意，皮层变绿的土豆不要购买和食用。因为其中含有的龙葵素有毒性，加热也不会被破坏，吃了会中毒。

土豆不需经过清洗，存放在阴凉处即可，不可放在阳光下暴晒，也没必要放在冰箱里冷藏。

土豆稀饭

食材准备

土豆·····························70克

胡萝卜·························50克

菠菜·····························30克

稀饭·····························150克

食用油·························少许

小贴士

要将土豆芽根周围部分多挖除一些，以保证食用安全。

制作方法

1 锅中注入适量清水烧开，放入菠菜，拌匀，煮至变软，捞出，沥干水分，放凉后切碎。

2 将洗净去皮的土豆、胡萝卜分别切成小粒。

3 锅置火上，倒入少许食用油烧热，放入土豆、胡萝卜，炒香，注入适量清水，倒入稀饭，放入切好的菠菜，拌匀炒香，用大火略煮片刻，至食材熟透即可。

食材准备

土豆 ·· 200克
配方奶粉 ··· 25克

制作方法

1 将适量温开水倒入配方奶粉中，搅拌均匀。将洗净去皮的土豆切成片，待用。

2 蒸锅上火烧开，放入土豆，盖上盖，用大火蒸30分钟至其熟软。

3 关火，揭盖，取出蒸熟的土豆，放凉后用刀背压成泥，放入碗中，再将调好的配方奶倒入土豆泥中，搅拌均匀即可。

土豆片可以切得薄一点，这样更易蒸熟。

食材准备

水发黄豆 ······················· 50克
土豆 ···························· 30克

制作方法

1 将洗净去皮的土豆切成丁，待用。将已浸泡8小时的黄豆倒入碗中，加入适量清水，搓洗干净后沥干水分，待用。

2 把黄豆和土豆放入豆浆机中，加入适量纯净水，开始打浆。

3 待豆浆机运转约15分钟，即成豆浆。断电后将豆浆盛入碗中即可。

土豆皮一定要去除干净，否则会影响口感。

土豆胡萝卜菠菜饼

胡萝卜·························· 70克

土豆······························ 50克

菠菜······························ 60克

鸡蛋································ 2个

面粉···························· 150克

盐································· 3克

食用油、芝麻油······················各适量

制作方法

1 将洗净的菠菜切成粒，洗好去皮的土豆、胡萝卜均切成粒。

2 锅中注水烧开，加入少许盐，倒入土豆、胡萝卜，搅拌片刻；再倒入菠菜，煮至沸腾，捞出待用。

3 将鸡蛋打入碗中，加入少许盐，放入焯过水的食材，搅拌均匀；再倒入面粉，拌匀；淋入芝麻油，拌匀，制成面糊。

4 煎锅中注入适量食用油烧热，倒入面糊，摊成饼状，煎至两面呈焦黄色。出锅，分切成扇形块即可。

 小贴士

面糊不能太稠，否则蛋饼不容易成形。

玉米土豆清汤

食材准备

去皮土豆 ································· 50克

玉米 ···································· 30克

小葱 ···································· 少许

盐 ····································· 1克

制作方法

1 将洗净去皮的土豆切成小块，洗净的玉米切成小段，待用。

2 锅中注入适量清水烧开，放入土豆块和玉米段，拌匀，盖上盖，用中火煮约20分钟至食材熟透。

3 揭盖，加入盐，搅匀调味，拌煮片刻至入味。

4 关火后盛出煮好的汤料，装入碗中，撒上葱花即可。

扫一扫
美味跟着学

 小贴士

煮土豆时不宜用大火，否则会使外层熟烂，里面却是生的。

185
千卡/100克

板栗

- 别名：毛栗、瑰栗、凤栗、栗子。
- 性味：性温，味甘、平。
- 归经：归脾、胃、肾经。

营养成分

含蛋白质、脂肪、碳水化合物、淀粉、钙、磷、铁、钾、胡萝卜素、B族维生素、核黄素等。

食用价值

板栗不仅含有大量淀粉，而且含有蛋白质、维生素等多种营养素，素有"干果之王"的美称，是一种价廉物美、富有营养的滋补品及补养的良药，可以提高身体免疫力，增强宝宝的抗病能力，还有助于宝宝的脑部和神经系统的健康发育。板栗含有丰富的维生素C，能够维持牙齿、骨骼、血管肌肉的正常功用，可以预防和治疗骨质疏松，有助于宝宝的骨骼健康成长。板栗是温性的食物，可补脾利气，还含有核黄素，常吃对日久难愈的小儿口舌生疮有益。

饮食宜忌：栗子难以消化，不宜多食，否则会引起胃脘饱胀。婴幼儿的脾胃较虚弱，家长要注意控制好量。

选购保存

选购技巧：一看颜色。栗子表面呈深褐色且稍微带点红头的为好栗子；若外壳变色、无光泽或带黑影的，则表明果实已被虫蛀或受热变质。二用手捏。捏一捏栗子，如果栗壳非常坚硬，表示果实比较丰满。如颗粒较软，则表明果肉已干瘪或闷热后果肉已发软。

将新鲜的板栗放入塑料袋中，擦干表面的水分，扎紧口，放于阴凉通风处保存。

食材准备

板栗肉 ································ 30克

桂圆肉 ································ 10克

泡发大米 ····························· 60克

小贴士

　　将板栗放在热水中泡1～2小时，能更轻松地去除表皮。

制作方法

1 锅中注入适量清水烧开。

2 倒入备好的板栗、大米、桂圆肉，搅拌均匀，盖上盖，煮开后转小火煮40分钟至食材熟透。

3 揭盖，搅拌片刻即可。

扫一扫
美味跟着学

板栗豆浆

食材准备

板栗肉 ·························· 100克

水发黄豆 ······················ 80克

白糖 ····························· 适量

制作方法

1 将洗净的板栗肉切成小块。把已浸泡8小时的黄豆倒入碗中，加入适量清水，搓洗干净后沥干水分。

2 将黄豆、板栗肉倒入豆浆机中，加入适量纯净水，开始打浆。

3 待豆浆机运转约15分钟，即成豆浆。断电后将打好的豆浆盛入杯中即可。

小贴士

　　选用颗粒饱满、深褐色、无霉变、无虫害的板栗，更有利于健康。

食材准备

白菜	200克
板栗肉	80克
高汤	150毫升
盐	2克

制作方法

1. 将洗净的白菜切开，再切成瓣，待用。

2. 锅中注水烧热，倒入备好的高汤，放入洗净的板栗肉，拌匀，用大火略煮。待汤汁沸腾，放入切好的白菜，加入少许盐，拌匀调味。

3. 盖上盖，用大火烧开后转小火焖15分钟至食材熟透即可出锅。

锅中注入的高汤不宜太多，以免稀释白菜的清甜口味。

板栗龙骨汤

食材准备

龙骨块 ······················· 300克
板栗 ························· 100克
玉米段 ······················· 100克
胡萝卜块 ····················· 100块
姜片 ·························· 7克
料酒 ························· 10毫升
盐 ··························· 2克

制作方法

1 砂锅中注入适量清水烧开，倒入处理好的龙骨块，加入料酒、姜片，拌匀，加盖，用大火烧煮片刻。

2 揭盖，撇去浮沫，倒入玉米段，拌匀，加盖，用小火煮1小时至营养成分析出。揭盖，加入洗好的板栗，拌匀，加盖，用小火续煮15分钟至熟。

3 揭盖，倒入洗净的胡萝卜块，拌匀，加盖，用小火续煮15分钟至食材熟透。揭盖，加入盐，搅拌片刻至入味即可。

小贴士

水一定要放足，煮汤的过程中再次加水会延长汤熟的时间，而且汤的味道会变腥。

板栗焖香菇

食材准备

去皮板栗 ····················· 200克
鲜香菇 ························· 50克
去皮胡萝卜····················· 50克
盐、白糖 ······················各1克
生抽、料酒、水淀粉 ············各5毫升
食用油 ························ 适量

制作方法

1 将洗净的板栗对半切开；洗好的香菇切十字刀，切成小块状；洗净的胡萝卜切滚刀块。

2 用油起锅，倒入板栗、香菇、胡萝卜，翻炒均匀。

3 加入生抽、料酒，炒匀，注入200毫升清水，加入盐、白糖，充分拌匀，加盖，用大火煮开后转小火焖15分钟至食材入味。

4 揭盖，淋入水淀粉勾芡即可。

小贴士

盐和白糖的分量也可根据个人的喜好添加。

91

千卡/100克

香蕉

- 别名：蕉果。
- 性味：性寒，味甘。
- 归经：归脾、胃、大肠经。

香蕉是热带水果中的"平民"水果，价格便宜又香甜可口，是百姓水果盘中的"常客"。香蕉性寒味甘，其营养价值在古书籍中早有记载，功效包括清热解毒、润肠通便、润肺止咳、降低血压和滋补等。香蕉的膳食纤维含量很高，是水果界中的佼佼者，因此吃香蕉具有良好的润肠通便效果，可以有效缓解宝宝便秘，但只有成熟的香蕉才有润肠的功效。香蕉还是名副其实的"开心果"。据科学家研究发现，香蕉中含有泛酸等成分，是人体天然的"开心激素"，能减轻心理压力，解除忧郁，令人开心快乐。香蕉中所含的维生素C还是天然的免疫强化剂，可抵抗各类感染。

饮食宜忌：香蕉性质偏寒，胃痛腹凉、脾胃虚寒的人应少吃。

营养成分

含有蛋白质、果胶、钙、钾、磷、铁、胡萝卜素、维生素B$_1$、维生素B$_2$、维生素C、膳食纤维、泛酸以及钙、钾、磷、铁等矿物质。

选购保存

如即买即食，应该挑选果皮黄黑泛红、稍带黑斑，最好选表皮有黑芝麻点、有皱纹的。捏一捏，觉得有软熟感的味必甜，且果肉淡黄、纤维少、口感细嫩，带有桂花香。

香蕉放入冰箱中储存容易变黑，应该把香蕉放进塑料袋里，再放一个苹果，然后排出袋子里的空气，扎紧袋口，放在阴凉处保存。

香蕉牛奶甜汤

食材准备

香蕉·····························30克

牛奶·····························120毫升

黄糖·····························少许

小贴士

煮制此汤时要控制好火候，以免香蕉煮烂破坏口感。

制作方法

1 将去皮香蕉切成小块，待用。

2 锅中注入适量清水烧开，倒入香蕉块，拌匀，盖上盖，用小火煮7分钟。

3 揭盖，倒入备好的牛奶，加入适量黄糖，搅拌至黄糖溶化即可。

香蕉泥

食材准备

香蕉 ·· 100克

制作方法

1 将洗净的香蕉剥去果皮，用刀背碾压成泥状。

2 取一个干净的小碗，盛入制好的香蕉泥即可。

小贴士

　要选择成熟的香蕉，未成熟的青香蕉口感较差，宝宝吃了容易拉肚子。香蕉性较寒凉，不可多吃。

冰糖蒸香蕉

食材准备

香蕉·······················100克
冰糖·······················20克
生姜汁·······················5毫升

制作方法

1 将洗净的香蕉剥去果皮，切斜刀片，待用。

2 将香蕉片放入整盘中，摆好，加上适量冰糖。

3 蒸锅注水烧开，放入整盘，盖上盖，淋上生姜汁，用中火蒸7分钟即可。

小贴士

应选用肥大饱满、没有黑斑的香蕉。

香蕉松饼

食材准备

香蕉	200克
低筋面粉	250克
鸡蛋	1个
圣女果	30克
泡打粉	30克
牛奶	100毫升

制作方法

1. 取一半香蕉，去皮，切碎；另一半香蕉去皮，切成段；将洗净的圣女果对半切开。将香蕉段和圣女果摆入盘中。

2. 取一个碗，倒入低筋面粉、泡打粉、香蕉碎，打入鸡蛋，淋入牛奶，搅拌均匀，制成面糊。

3. 热锅注油，倒入面糊，煎制1分钟使其定型，翻面，继续煎至两面呈金黄色，装入盘中即可。

 小贴士

　　面糊一定要搅拌均匀，以免煎制后有结块，影响口感。

食材准备

香蕉 ·· 1根

鸡蛋 ·· 2个

面粉 ·· 80克

白糖 ·· 适量

制作方法

1 香蕉去皮，把果肉压烂，剁成泥，装入碗中，打入鸡蛋，加入白糖，用筷子打散，调匀，再加入适量面粉，搅拌均匀，制成香蕉蛋糊。

2 热锅注油，倒入香蕉蛋糊，用小火煎约1分钟至成型，翻面，煎至两面呈金黄色。

3 把煎好的香蕉蛋饼盛出，分切成扇形块即可。

 小贴士

　　拌制香蕉面糊时面粉不宜放太多，以免成品口感过硬。

627
千卡/100克

核桃仁

- 别名：胡桃、英国胡桃、波斯胡桃。
- 性味：性温，味甘。
- 归经：归肺、肾经。

营养成分

含有蛋白质、碳水化合物、糖类、不饱和脂肪酸、多种维生素、胡萝卜素、脂肪以及钙、铁、磷、铜、镁、钾等人体必需的矿物质。

食用价值

核桃仁既可以生食、炒食，也可榨油、配制糕点、糖果等，不仅味美，而且营养价值很高，被誉为"万岁子""长寿果"。核桃仁含有较多的蛋白质及人体营养必需的不饱和脂肪酸，这些成分皆为大脑组织细胞代谢的重要物质，能滋养脑细胞，增强脑功能。《黄帝内经》中讲核桃补肾补脑、益气养血、润肤黑发。肾主发，多吃核桃可增强肾气，补益发质。坚持食用可以维护头皮和头发健康，对白发、头发枯燥有良好疗效。核桃还含有丰富的维生素E、B族维生素，能有效保持肌肤弹性和润泽，防止皮肤粗糙干燥产生皱纹。

饮食宜忌： 核桃性温，含油脂高，吃了会上火生痰，阴虚火旺、痰热咳嗽、痰湿、腹泻等症患者不宜吃。

选购保存

可以用以下三种方法来鉴别核桃的优劣，一看，二摸，三闻。 一看核桃的颜色，表皮呈淡黄色为佳，如果过白说明被硫黄熏过。二摸，沉的比较好，用手搓一搓，如果发现有细微的粉末，很有可能是被漂洗过。三闻，核桃闻起来是淡淡的木香，如果味道刺鼻要警惕可能是被双氧水泡过了。

带壳核桃风干后较易保存，核桃仁要用有盖的容器密封装好，放在阴凉、干燥处保存。

韭菜炒核桃仁

食材准备

韭菜 ························· 150克

核桃仁 ······················ 50克

彩椒 ························· 30克

盐 ··························· 2克

食用油 ······················ 适量

制作方法

1 将洗净的韭菜切成段，洗好的彩椒切成粗丝。

2 锅中注水烧开，加入少许盐，倒入核桃仁，搅匀，煮约半分钟，捞出，沥干水分，待用。

3 用油起锅，烧至三成热，倒入煮好的核桃仁，略炸片刻，至水分全干，捞出，沥干油，待用。

4 锅底留油烧热，倒入彩椒丝，爆香；放入韭菜段，翻炒至其断生；加入少许盐，炒匀调味；最后放入炸好的核桃仁，快速翻炒一会儿，至食材入味即可。

花生核桃糊

食材准备

糯米粉 ·································· 90克
核桃仁 ·································· 60克
花生米 ·································· 50克
糖 ····································· 适量

制作方法

1 取榨汁机，选择干磨刀座组合，倒入洗净的花生米、核桃仁，磨成粉末，装入碗中，制成核桃粉待用。

2 将糯米粉放入碗中，注入适量清水，调匀，制成生米糊，待用。

3 砂锅注水烧开，倒入核桃粉，用大火拌煮至沸；再放入备好的生米糊，边倒边搅拌，至其溶于汁水中，转中火煮约2分钟，至材料成糊状即可。

小贴士

建议用温水调糯米粉，这样不仅容易搅拌，而且更易煮熟。

核桃蒸蛋羹

食材准备

鸡蛋·······················2个

核桃粉······················15克

红糖························15克

黄酒·······················5毫升

制作方法

1 备一个玻璃碗，倒入适量温水，放入红糖，搅拌至红糖溶化。另备一空碗，打入鸡蛋，打散。往蛋液中加入黄酒，拌匀；再倒入红糖水，拌匀待用。

2 蒸锅中注水烧开，放入调好的蛋液，盖上盖，用中火蒸8分钟。

3 取出蒸好的蛋羹，撒上备好的核桃粉即可。

 小贴士

　　蒸蛋羹的时候切记勿用大火，以免蒸得过老，影响口感。

核桃大米粥

食材准备

大米·······························50克

核桃仁·····························15克

白糖·······························适量

制作方法

1 砂锅中注水烧开，倒入泡发好的大米，拌匀，盖上盖，用大火煮开后转小火煮30分钟至大米熟软。

2 揭盖，倒入核桃仁，拌匀，盖上盖，续煮20分钟至食材软糯。

3 揭开盖，加入适量白糖，拌煮至白糖溶化即可。

小贴士

也可依据个人情况加入适量枸杞，可以起到补血的作用。

扫一扫
美味跟着学

068

桂圆核桃茶

食材准备

桂圆肉 ························· 15克
核桃仁 ························· 30克
白糖 ··························· 20克

制作方法

1 砂锅中注入适量清水烧开，放入洗净的桂圆肉、核桃仁，盖上盖，用小火煮约20分钟至食材熟透。

2 揭盖，放入适量白糖，拌匀，煮至白糖溶化即可。

小贴士

　因食材较少，所以水不要加太多，以免口味过于清淡。

228
千卡/100克

黑枣

- 别名：软枣、丁香枣、牛奶柿、野柿子。
- 性味：味甘、微酸，性平。
- 归经：归心、肾、脾、胃经。

黑枣是传统补肾食品"黑五类"之一，有"营养仓库"之称。黑枣营养丰富，含有蛋白质、脂肪、糖类、多种维生素和矿物质等，其中以维生素C和钙质、铁质含量最高。维生素C具有促成胶原蛋白的合成、维护微小血管功能、预防牙龈萎缩、减轻动脉硬化、清除自由基抗氧化、提高免疫力、抗癌等功效；维生素A能有效保护眼睛，钙、铁、镁、钾等矿物质能促进生长发育。黑枣还含有丰富的膳食纤维与果胶，可以帮助消化和软便，便秘的宝宝可适量食用。除此之外，黑枣还具有很高的药用价值，多用于补血和调理，对贫血、血小板减少、肝炎、乏力、失眠有一定疗效。

饮食宜忌：过多食用黑枣会引起胃酸和腹胀。

选购保存

挑选黑枣时，应注意识别虫蛀、破头、烂枣等。好的黑枣皮色乌亮有光，黑里泛红，颗大均匀，短壮圆整，顶圆蒂方，皮面皱纹细浅。皮色乌黑者次之，色黑带萎者较次。

黑枣应置于阴凉干燥处密封保存，并注意防潮，以免发霉，且要防鼠食。

营养成分

含碳水化合物、膳食纤维、脂肪、果胶、蛋白质、维生素A、B族维生素以及钙、铁、镁、钾等矿物质。

黑枣炖鸡

食材准备

鸡腿肉 ·····························150克

排骨·······························150克

黑枣······························· 40克

黄酒······························50毫升

枸杞······························· 20克

姜片、葱段······················各少许

盐·· 1克

制作方法

1 取一个较深的大碗，放入洗净的鸡腿肉、排骨，加入盐，放入黑枣、姜片，加入葱段、枸杞，淋入黄酒，盖上保鲜膜，待用。

2 蒸锅中注水烧开，放入食材，盖上盖，用中火蒸1小时，至食材熟透入味。

3 将蒸好的食材取出，撕去保鲜膜即可。

黑芝麻黑枣豆浆

食材准备

黑枣·······························10克

黑芝麻·····························10克

水发黑豆·························50克

制作方法

1. 将洗净的黑枣切开，去核，切成小块，待用。将已浸泡8小时的黑豆倒入碗中，注入适量清水，搓洗干净，倒入滤网中，沥干水分。

2. 将黑枣、黑芝麻、黑豆倒入豆浆机中，注入适量温开水，开始打浆。

3. 待豆浆机运转约20分钟，即成豆浆。断电后将打好的豆浆倒入滤网中，滤取豆浆。

 小贴士

黑芝麻可以干炒后再打浆，香味会更浓。

黑枣苹果奶昔

食材准备

苹果	80克
黑枣	40克
牛奶	50毫升
酸奶	50毫升
肉桂粉	10克

制作方法

1 将洗净的黑枣切开，去核，切成小块；洗净的苹果切成瓣，去皮去核，再切成小块，待用。

2 将苹果和黑枣放入榨汁机中，加入牛奶，再倒入酸奶，榨约30秒制成奶昔。

3 将榨好的奶昔倒入杯中，撒上肉桂粉即可。

 小贴士

榨好的奶昔表面有泡沫，可掠去后再饮用，口感更顺滑。

559
千卡/100克

芝麻

- 别名：胡麻、油麻。
- 性味：性平，味甘。
- 归经：归肝、肾、肺、脾经。

含有蛋白质、脂肪、亚油酸、膳食纤维、维生素B_1、维生素B_2、维生素E、卵磷脂、钙、铁、镁等。

食用价值

中医认为，芝麻味甘性平，具有补血明目、益肝养发、生津通乳、润肠通便、美容养颜、延年益寿等功能，被人们誉为"抗衰果"。芝麻能为人体提供易被吸收利用的钙、碘、磷、铁等无机盐和微量元素，有利于大脑的发育，还能促进骨骼、牙齿的生长发育。黑芝麻具有养血补肝肾的作用，有益脑填髓的功效。宝宝常吃可以耳聪目明，对记忆力和思维能力的提高也非常有好处。黑芝麻中的维生素E也非常丰富，可使面色光泽，宝宝常吃可以使头发乌黑浓密，皮肤细腻。而白芝麻其独特的香味很容易引起宝宝的食欲，让宝宝开怀吃饭。两种芝麻搭配着吃更美味也更营养。

饮食宜忌： 患有慢性肠炎、便溏腹泻者忌食。

选购保存

品质好的芝麻色泽鲜亮、纯净，大而饱满，皮薄，嘴尖而小；次品芝麻的色泽发暗；外观不饱满或萎缩，嘴尖过长，有虫蛀粒、破损粒的最次。

将芝麻存放在干燥的罐子里，密封好，放在通风避光的地方保存即可。

芝麻米糊

食材准备

粳米 ······························100克

白芝麻 ···························50克

小贴士

　　建议将食材磨得精细一些，幼儿食用后才能更好地吸收营养。

制作方法

1 烧热炒锅，倒入洗净的粳米，用小火翻炒一会儿至米粒呈微黄色，再倒入白芝麻，炒出芝麻的香味。关火，盛出炒好的食材，待用。

2 取榨汁机，选用干磨刀座组合，倒入炒好的食材，磨至食材呈粉末状，制成芝麻米粉，待用。

3 汤锅中注入适量清水烧开，放入芝麻米粉，慢慢搅拌几下，再用小火煮至食材呈糊状即可。

黑芝麻粥

食材准备

水发大米 ······························· 60克

黑芝麻 ································· 20克

白糖 ·································· 3克

制作方法

1. 锅中注入适量清水烧开，放入水发大米，拌匀，盖上盖，煮开后转小火煮约30分钟至熟软。

2. 揭盖，加入黑芝麻，拌匀。再次盖上盖，续煮20分钟。

3. 揭盖，加入白糖，拌煮至白糖溶化。

4. 关火，将煮好的粥盛入碗中即可。

小贴士

也可以将黑芝麻磨成粉末后再煮粥，这样更有利于营养的吸收。

扫一扫
美味跟着学

食材准备

芋头	200克
熟白芝麻	25克
白糖	3克
老抽	1毫升

制作方法

1 将洗净去皮的芋头切开，切成小块，装入蒸盘中，待用。

2 蒸锅上火烧开，放入蒸盘，加盖，用中火蒸约20分钟，至芋头熟软。揭开盖，取出蒸盘，放凉，待用。

3 取一个大碗，倒入芋头，加入适量白糖、老抽，拌匀，压成泥状；再撒上白芝麻、白糖，搅拌均匀，至白糖完全溶化即可。

 小贴士

削芋头皮时，可以在手上倒点醋抹匀，这样皮肤不会因接触到黏液而发痒。

381
千卡/100克

黑豆

- 别名：乌豆、黑大豆、稽豆、马料豆。
- 性味：性平，味甘。
- 归经：归心、肝、肾经。

营养成分

含有丰富的蛋白质、维生素、矿物质等，还含有软磷脂、烟酸等。

食用价值

中医认为，黑豆为肾之谷，入肾，具有健脾利水、消肿下气，滋肾阴、润肺燥，治风热而活血解毒，止盗汗，乌发黑发以及延年益寿的功效。黑豆除了含有丰富的蛋白质、软磷脂以及维生素外，还含有黑色素及烟酸。正因为如此，黑豆一直被视为药食两用的佳品。此外，黑豆中的不饱和脂肪酸在人体能转成卵磷脂，它是形成脑神经的主要成分；黑豆所含的矿物质钙、磷皆有防止大脑老化迟钝、健脑益智的作用；维生素E能够成为体内防止氧化的保护层。黑豆的种皮能释放红色花青素，可清除体内自由基，抗氧化活性更好，可增强机体活力。

饮食宜忌：黑豆较难消化，儿童的肠胃功能较弱，因此不宜多食。

选购保存

选购黑豆时，以豆粒完整、大小均匀、颜色乌黑者为好。由于黑豆表面有天然的蜡质，会随存放时间而逐渐脱落，所以，表面有研磨般光泽的黑豆不要选购。黑豆去皮后分黄仁和绿仁两种，黄仁的是小黑豆，绿仁的是大黑豆。

黑豆宜存放在密封罐中，置于阴凉处保存，避免阳光直射。还需注意的是，因豆类食品容易生虫，购回后最好尽早食用。

黑豆百合豆浆

食材准备

鲜百合 ························· 20克

水发黑豆 ······················ 50克

冰糖 ·························· 适量

小贴士

黑豆可提前用温水泡发，这样能缩短浸泡的时间。

制作方法

1　将已泡发好的黑豆倒入碗中，注入适量清水，搓洗干净，倒入滤网中，沥干水分待用。

2　将洗好的百合、黑豆倒入豆浆机中，加入冰糖，注入适量纯净水，开始打浆。

3　待豆浆机运转约15分钟，即成豆浆。断电后将打好的豆浆倒入滤网中，滤取豆浆。

红枣黑豆粥

食材准备

水发黑豆 ·························· 40克

红枣 ······························· 15克

白糖 ······························· 适量

制作方法

1 锅中注入适量清水烧开，放入泡好的黑豆，倒入洗净的红枣，搅匀。

2 盖上盖，煮开后转小火煮1小时至食材熟软。

3 揭盖，倒入白糖，搅拌至白糖完全溶化。

4 关火，将煮好的粥盛入碗中即可。

小贴士

　　煮制过程中可以揭盖搅拌2～3次，这样可使粥品更绵软。

扫一扫
美味跟着学

黑豆玉米窝头

食材准备

黑豆末 ·············· 100克
面粉 ················ 200克
玉米粉 ·············· 100克
酵母 ················· 3克
盐 ·················· 1克

制作方法

1 取一碗，倒入玉米粉、面粉，加入黑豆末，搅拌均匀；倒入酵母，混合均匀；加入盐，搅拌均匀；倒入少许温水，搅匀，揉成面团后盖上干净毛巾，静置10分钟醒面。

2 取走毛巾，把面团搓至纯滑，再搓成长条，最后分切成大小相等的小剂子。

3 取蒸盘，刷上少许食用油。把剂子捏成锥子状，用手掏出一个窝孔，制成窝头生坯，放在蒸盘上，放入水温为30℃的蒸锅中，盖上盖，发酵15分钟。

4 开火，用大火蒸15分钟即可。

小贴士

窝头掏孔时要注意厚薄均匀，这样口感更佳。

营养、天然的冬季时令保健食谱

081

黑豆莲藕鸡汤

食材准备

水发黑豆 ························· 50克

鸡肉 ···························· 200克

莲藕 ···························· 150克

姜片 ···························· 适量

盐 ······························ 少许

料酒 ···························· 5毫升

制作方法

1 将洗净去皮的莲藕对半切开，切成块，改切成丁；洗好的鸡肉切开，斩成小块。

2 锅中注水烧开，倒入鸡块，拌匀，汆煮一会儿，去除血水后捞出，沥干水分待用。

3 砂锅中注水烧开，放入姜片，倒入鸡块，放入洗好的黑豆，倒入莲藕，淋入少许料酒，盖上盖，用大火煮沸后用小火煮约40分钟，至食材熟软。

4 揭盖，加入少许盐，搅匀调味，续煮一会儿至食材入味即可。

小贴士

建议烹调前将黑豆事先泡软，这样可以缩短烹饪的时间。

酱香黑豆蒸排骨

食材准备

排骨	250克
水发黑豆	50克
姜末	5克
花椒	2克
盐	2克
豆瓣酱	20克
生抽	5毫升
食用油	适量

制作方法

1 将洗净的排骨装入碗中，倒入泡好的黑豆，放入豆瓣酱，加入生抽、盐，倒入花椒、姜末，下食用油，拌匀，腌约20分钟，至食材入味。

2 将腌好的排骨装入盘中，待用。

3 蒸锅注水烧开，放入食材，盖上盖，用中火蒸40分钟至食材熟软入味即可。

小贴士

腌排骨的时候也可以加入少许白糖，能起到提鲜的作用。

563
千卡/100克

花生

- 别名: 长生果、长寿果、落花生。
- 性味: 性平，味甘。
- 归经: 归脾、肺经。

花生被人们誉为"植物肉"，含油量高达50%，品质优良，气味清香。花生还是一味中药，适用于营养不良、脾胃失调、咳嗽痰喘、乳汁缺少等症。它含有丰富的维生素及矿物质，可以促进人体的生长发育；花生蛋白中含十多种人体所需的氨基酸，其中赖氨酸可使儿童提高智力，谷氨酸和天门冬氨酸可促使细胞发育和增强大脑的记忆能力。花生中含有一种物质——儿茶素，对人体具有很强的抗老化的作用，常食有益于延缓人体衰老，故花生又有"长生果"之称。花生中还含有丰富的脂肪油，可以起到润肺止咳的作用，常用于久咳气喘、咯痰带血等病症。

饮食宜忌: 由于花生含有大量脂肪，会加重肠胃负担，肠胃功能不太好的人慎吃。

选购保存

如果挑选带壳的花生，应选外壳纹路清晰而深、颗粒形状饱满的；如果挑选干花生仁，要挑豆粒完整、表面光润、没有外伤与虫蛀或白细粉的。

花生必须密封干燥妥当存放，否则可能受潮发生霉菌感染。花生米摊晒干燥，扬去杂质，然后用无洞的塑料食品袋密封装起来，放置在干燥通风处保存。

营养成分

含蛋白质、脂肪、糖类、维生素A、维生素B$_6$、维生素E、维生素K、钙、磷、铁、氨基酸、不饱和脂肪酸、卵磷脂、胆碱、胡萝卜素、粗纤维。

花生小米糊

食材准备

花生米 ····················· 50克

小米 ······················· 100克

食粉 ························· 少许

小贴士

建议选用粒圆饱满、色泽鲜艳、无霉蛀的当季花生。

制作方法

1. 锅中注水，加入少许食粉，倒入花生米，盖上盖，烧开后煮2分钟至熟。揭盖，捞出煮好的花生米，浸入清水中，去掉红衣，放入木臼中，压碎捣烂。

2. 取榨汁机，选择干磨刀座组合，倒入花生碎，把花生磨成末。

3. 汤锅中注水烧开，倒入洗好的小米，拌匀，盖上盖，煮沸后转小火煮30分钟至小米熟烂。揭盖，倒入花生末，拌匀，煮至沸腾即可。

花生豆浆

食材准备

水发黄豆 ······································ 100克

水发花生米 ································· 80克

制作方法

1. 取备好的豆浆机，倒入浸泡好的花生米和黄豆，注入适量纯净水，开始打浆。

2. 待豆浆机运转约15分钟，即成豆浆。断电后将打好的豆浆盛入碗中即可。

打浆时水不宜加太多，以免降低豆浆的香醇口感。

营养、天然的冬季时令保健食谱

食材准备

花生米 ························· 80克

去皮芋头 ······················ 100克

牛奶 ·························· 150毫升

椰奶 ·························· 100毫升

白糖 ··························· 10克

制作方法

1 将洗净的芋头切成厚片，切粗条，改切成小块。

2 砂锅中注水烧开，倒入花生米、芋头，拌匀，盖上盖，用大火煮开后转小火续煮40分钟至食材熟软。

3 揭盖，倒入牛奶、椰奶，加入白糖，拌煮至白糖溶化即可。

盖上锅盖用大火煮制时可以留一条缝，避免水开后食材溢出来。

花生银耳牛奶

食材准备

花生米 ························· 20克

水发银耳 ······················· 50克

牛奶 ·························· 100毫升

制作方法

1 将洗好的银耳切小块，待用。

2 锅中注入适量清水烧开，放入泡好的花生米，加入切好的银耳，拌匀，盖上盖，用大火煮开后转小火煮约20分钟。

3 揭盖，倒入备好的牛奶，拌匀，煮至将沸。

4 关火，将煮好的食材装入碗中即可。

 小贴士

若喜欢甜口，也可加入少许白糖。

扫一扫
美味跟着学

花生菠菜粥

（食材准备）

水发大米	100克
花生米	30克
菠菜	30克
盐	2克

（制作方法）

1　将洗净的菠菜切成段，备用。

2　砂锅中注入适量清水烧热，倒入备好的花生米、大米，盖上盖，用大火烧开后转小火续煮约40分钟至食材熟软。

3　揭开盖，倒入菠菜段，搅拌均匀，加入少许盐，拌匀，煮至食材入味即可。

 小贴士

花生米用油炸过后再煮，味道会更香。

333
千卡/100克

黑米

- 别名：血糯米。
- 性味：性平，味甘。
- 归经：归脾、胃经。

营养成分

含蛋白质、脂肪、碳水化合物、B族维生素、维生素E、钙、磷、钾、镁、铁、锌等。

食用价值

中医认为，黑米具有滋阴补肾、健脾暖胃及明目活血的作用，可以治疗贫血、头晕、视物不清等症状。黑米中含有多种维生素和微量元素，可以促进身体发育和骨骼成长；含有烟酸，可以促进宝宝的智力发育；含有丰富的蛋白质，能促进机体细胞的新陈代谢，升级免疫系统，提高身体对外界因素的抵抗能力，促进身体的健康发育。黑米中还含有丰富的微生物C、叶绿素、花青素、胡萝卜素等特殊成分，食用后有滋阴补肾、健脾暖肝、明目活血的功效。黑米还是有效改善缺铁性贫血的首选食材。

饮食宜忌：黑米食用后易上火，火盛燥热的人食用黑米过多的话会加重体内的火气。

选购保存

优质的黑米粒大饱满、黏性强、富有光泽，很少有碎米和爆腰（米粒上有裂纹），不含杂质和虫蛀。如果取几粒黑米品尝，优质黑米味甜，没有异味。

如果选购袋装密封黑米，可直接放于通风处保存。散装黑米需要放入保鲜袋或不锈钢容器内，密封后再置于阴冷通风处保存。

黑米红糖粥

食材准备

水发黑米 ·························· 50克
红糖·································· 10克

小贴士

　　黑米可以提前用温水泡发，这样可缩短烹调的时间。

制作方法

1　锅中注入适量清水烧开，放入水发黑米，拌匀，用大火煮开后转小火煮约40分钟至熟软。

2　揭盖，加入红糖，拌煮至红糖溶化。

3　关火后盛出煮好的粥，装入碗中即可。

扫一扫
美味跟着学

黑米核桃黄豆浆

食材准备

黑米 ························· 20克

水发黄豆 ···················· 50克

核桃仁 ······················ 5克

制作方法

1 将黑米倒入碗中，放入已浸泡8小时的黄豆，注入适量清水，搓洗干净后倒入滤网中，沥干水分。

2 把洗净的食材倒入豆浆机中，再放入核桃仁，并注入适量纯净水，开始打浆。

3 待豆浆机运转约20分钟，即成豆浆。断电后将打好的豆浆倒入滤网中，滤取豆浆。

　　黑米吸水性较强，可以适量多加点水，以免打好的豆浆太稠而影响口感。

黑米莲子糕

食材准备

水发黑米	100克
水发糯米	50克
莲子	15克
白糖	10克

制作方法

1 取一个碗，倒入黑米、糯米、白糖，拌匀。

2 将拌好的食材倒入备好的模具中，再摆上莲子。把剩余的食材依次倒入模具中，摆上莲子，制成米糕生坯，待用。

3 蒸锅中注水烧开，放入米糕生坯，盖上盖，用中火蒸30分钟至食材熟软即可。

糯米可以多浸泡一会儿，口感会更香糯。

348
千卡/100克

糯米

- 别名：元米、江米。
- 性味：性温，味甘。
- 归经：归脾、胃、肺经。

中医认为，糯米味甘、性温，入脾、胃、肺经，具有补中益气、健脾养胃、止虚汗之功效，对脾胃虚寒、食欲不佳、腹胀腹泻有一定缓解作用。糯米营养丰富，含钙量较高，有补骨健齿的作用。糯米含有蛋白质、脂肪、糖类、钙、磷、铁及淀粉等，为温补强壮品，有温胃、增强肠胃功能、止泻、补肺健脾、补中益气的功能。糯米还富含B族维生素，能推动体内代谢，把糖、脂肪、蛋白质等转化成热量，加快宝宝体内的新陈代谢。

饮食宜忌： 发热、咳嗽痰黄、黄疸、腹胀之人忌食。

选购保存

优质糯米颜色雪白，如果发黄且米粒上有黑点，说明发霉了；如果糯米中有半透明的米粒，则是掺了大米。仔细看米粒的中间，有"横纹"的叫作"爆腰"，陈米的米粒上会"爆腰"，不宜购买。

糯米需存放在密闭、阴凉、干燥、通风的地方。将几颗大蒜头放置在米袋内，可防止因久存而长虫。夏季要放入冰箱低温密封冷藏。

营养成分

含有蛋白质、脂肪、糖类、钙、磷、铁、维生素B_1、维生素B_2、烟酸及淀粉等。

糯米稀粥

食材准备

水发糯米 ·························· 50克
红糖 ····························· 10克

煮糯米时宜用小火，否则很容易粘锅。

制作方法

1 锅中注入适量清水烧开，倒入泡发的糯米，搅拌均匀。

2 盖上盖，煮开后转小火煮约40分钟至糯米熟软。

3 揭盖，放入红糖，搅拌片刻，至粥浓稠。

4 关火，将煮好的粥盛入碗中即可。

糯米豆浆

食材准备

水发黄豆 ·································· 50克

糯米 ······································· 30克

冰糖 ······································· 10克

制作方法

1 将已浸泡8小时的黄豆、糯米倒入碗中，注入适量清水，搓洗干净，倒入滤网中，沥干水分。

2 将洗净的食材倒入豆浆机中，加入冰糖，注入适量纯净水，开始打浆。

3 待豆浆机运转约20分钟，即成豆浆。断电后将打好的豆浆倒入滤网中，滤取豆浆。

小贴士

　　糯米打出的米浆比较浓稠，因此可以适量多加点水。

食材准备

莲藕	100克
糯米	50克
红枣	30克
冰糖	20克
红糖	20克
桂花、蜂蜜	各少许

制作方法

1 糯米洗净后用清水浸泡2～3小时；莲藕洗净，去皮，用刀在莲藕的一头连同藕蒂切掉两三厘米，留作盖子。

2 将已经浸泡好的糯米填入莲藕中，把藕蒂盖上，并用牙签固定封口。

3 把酿好的糯米藕放入锅中，加入红枣，注入清水没过莲藕，加入冰糖、红糖，用大火煮开后转小火煮30分钟。

4 捞出煮好的糯米藕，晾凉，再切片，根据个人口味加上适量桂花和蜂蜜即可。

小贴士

藕孔中的糯米尽量塞得满一些，这样切片的截面才会更加饱满美观。

619
千卡/100克

松子

● 别名：松子仁、海松子、红果松、罗松子。
● 性味：性平，味甘。
● 归经：归肝、肺、大肠经。

含不饱和脂肪酸、亚油酸、亚麻油酸、维生素E、钙、铁、锌、磷、钾、锰等。

食用价值

松子是大家所喜爱的一款美味食物，不但味美，营养也丰富。松子既是重要的中药，久食健身心，滋润皮肤，延年益寿，也有很高的食疗价值。松子中含有大量不饱和脂肪酸，对儿童的心血管有帮助作用；含有大量的矿物质，尤其富含锌，有利于增加孩子食欲，对孩子身高发育、发质都有很好的帮助作用；所含的维生素E高达30%，有很好的软化血管作用，并且对孩子的皮肤有很好的帮助；富含脂肪油，能起到润肠通便的作用，可以有效预防便秘。另外，松子中磷和锰的含量也相当丰富，对大脑和神经有补益作用，对孩子的脑神经发育有很好的帮助作用。

> **饮食宜忌：** 由于松子所含的油脂较多，对于腹泻以及多痰的患者来说，过多地食用容易加重病情。

选购保存

选购技巧：一从外观上看，应挑选棕黑色、表面粗糙的，不要买外壳光亮金黄的松子。二看开口，正规厂家生产的开口松子从表面上看颗粒均匀，开口不均匀；而非正规厂家生产的开口松子从颗粒看不均匀，但开口均匀且长。

松子怕高温，易受潮而走油变质，建议装入密闭容器，加袋装食用干燥剂放冰箱内冷藏。

松子粥

食材准备

粳米 ·································150克

松子 ···································50克

盐 ·······································2克

 小贴士

　　煮制米糊粥时要不停地搅拌，以免糊锅，影响口感。

制作方法

1　粳米淘洗干净，用清水浸泡2小时。

2　将浸泡的粳米沥干水分，放入搅拌机中，注入适量清水，搅打3分钟。将搅打好的粳米倒入筛网中，过滤。

3　将松子放入搅拌机中，注入适量清水，搅打3分钟。将搅打好的松子倒入筛网中，过滤。

4　热锅中倒入粳米水、松子水，用大火煮25分钟，不停搅动熬煮至黏稠状时，放入适量盐，调匀即可。

松子银耳稀饭

食材准备

松子	30克
水发银耳	50克
软饭	150克
盐	少许

制作方法

1 炒锅烧热，倒入松子，用小火翻炒香，盛出待用。

2 取榨汁机，选择干磨刀座组合，倒入炒好的松子，磨成粉末，装入小碟中待用。

3 将泡发好的银耳去除根部，再切碎待用。

4 汤锅中注入适量清水，倒入银耳，盖上盖，用大火煮沸；揭盖，倒入软饭，拌匀，再次盖上盖，煮开后转小火煮20分钟至米粒软烂。

5 揭盖，倒入松子粉，加入少许盐，拌匀调味即可。

 小贴士

　　稀饭中也可适当添加一些绿色蔬菜作为点缀，以激发宝宝的食欲。

莲子松仁玉米

食材准备

水发莲子 ·····························150克

鲜玉米粒 ·····························150克

松子·································· 50克

胡萝卜 ································ 50克

姜片、蒜末、葱段、葱花········ 各少许

盐、水淀粉、食用油 ·············各适量

制作方法

1　将去皮洗净的胡萝卜切成丁，用牙签把莲子心挑去。

2　锅中注水烧开，加入少许盐，放入胡萝卜、玉米粒、莲子，煮至八成熟，捞出，沥干水分待用。

3　热锅注油，烧至三分热，放入松子，用小火滑油1分钟至熟，捞出，沥干油待用。

4　锅底留油，放入姜片、蒜末、葱段，爆香；倒入玉米粒、胡萝卜、莲子，拌炒均匀；再放入适量盐，炒匀调味，最后加入适量水淀粉勾芡。盛盘后撒上少许葱花即可。

小贴士

松子滑油时，要控制好火候和时间，以免炸焦。

松子香菇

食材准备

鲜香菇 ························· 70克

松子 ························· 30克

姜片、葱段 ················· 各少许

盐 ························· 2克

鸡精 ························· 少许

米酒、生抽、水淀粉、食用油 ·· 各适量

制作方法

1 把洗净的香菇切成小块，装入盘中，待用。热锅注油，烧至三分热，倒入洗好的松子，轻轻搅动，滑油约半分钟，待松仁呈金黄色后捞出，沥干油待用。

2 锅底留油，下入姜片、葱段，爆香；倒入香菇，翻炒均匀；淋上少许米酒，炒匀提鲜，注入适量清水，翻炒至食材熟软。转小火，加入盐、鸡精，炒匀调味，再淋上少许生抽，翻炒至香菇入味，最后淋入少许水淀粉勾芡。

3 关火后盛出炒好的香菇，撒上炸好的松子即可。

 小贴士

香菇本身味道很鲜美，烹饪时不可加太多鸡精，以免掩盖香菇本身的鲜味。

松子玉米炒饭

食材准备

米饭·······························150克

玉米粒·······························30克

青豆·······························30克

火腿·······························30克

鸡蛋·······························1个

水发香菇·······························40克

熟松子仁·······························25克

葱花·······························少许

食用油·······························适量

制作方法

1 将洗净的香菇切成丁，将火腿切成丁。

2 青豆、玉米粒放入沸水锅中汆煮1分30秒至食材断生，捞出，沥干水分待用。

3 用油起锅，倒入火腿丁，炒匀；倒入香菇丁，翻炒均匀；打入鸡蛋，炒散；倒入米饭，用中小火炒匀。再倒入焯过水的食材，翻炒均匀，撒上葱花，用大火炒出香味。最后倒入少许熟松子仁，炒匀即可。

小贴士

若想炒饭更美味，也可将火腿换成腊肉，但腊肉属熏制品，孩子尽量少吃。

78
千卡/100克

海参

- 别名：海男子、刺参。
- 性味：性温，味咸。
- 归经：归心、肝、肾经。

海参含有8种人体自身不能合成的必需氨基酸，其中精氨酸、赖氨酸含量最为丰富，号称"精氨酸大富翁"。精氨酸对神经衰弱有特殊疗效，所以食用海参对改善睡眠有明显作用。另外，精氨酸还有促成人体细胞再生和机体损伤修复的能力。海参还含有丰富的蛋白质，蛋白质能有效提高人体的免疫功能，能预防疾病感染，调整机体的免疫力，对感冒等传染性疾病有很好的预防作用。除此之外，海参中含有的胶原蛋白质、硫酸软骨素、磷、硒、烟酸、硅等具有延年益寿、消除疲劳、防治皮肤衰老、美容等功效。

饮食宜忌： 海参含有大量的蛋白质，且以胶原蛋白为主，脾胃虚弱的人食用后可能引起肠胃不适，使消化能力降低。因此，脾胃虚弱的人群应少食。

营养成分

含丰富的蛋白、多种氨基酸和丰富的微量元素，尤其是钙、钒、钠、硒、镁含量较高。还含有特殊的活性营养物质，如海参酸性黏多糖、海参皂甙、海参脂质、海参胶蛋白及牛磺酸等。

选购保存

选购干海参时，一看品相，主要看海参的刺，好的海参身上的刺是比较粗壮的。二闻味道，纯正的海参有一股鲜美的味道，无怪味。三看颜色，颜色发白的海参一般是腌渍处理过的，很多的营养成分都丢失了，所以，要尽量选择表面颜色不均匀的浅黑色或者是深褐色海参。

干海参应置于通风干燥处或冰箱里冷藏。

海参粥

食材准备

海参·······························200克

粳米·······························150克

姜丝·······························少许

盐、鸡粉·························各2克

芝麻油·····························少许

制作方法

1　将洗净的海参切开，去除内脏，再切成丝。

2　锅中注入适量清水烧开，放入切好的海参，略煮片刻，去除腥味，捞出，装盘待用。

3　砂锅中注水烧热，倒入洗好的粳米，搅拌均匀，盖上盖，用大火煮开后转小火煮40分钟至粳米熟软。

4　揭盖，加入盐、鸡粉，拌匀；倒入氽过水的海参，放入姜丝，拌匀，盖上盖，续煮10分钟至食材入味。揭盖，淋入芝麻油，拌匀即可。

葱油海参

食材准备

海参······················200克
上海青······················150克
香菜、姜、蒜······················各少许
白糖、生抽、老抽······················各适量
水淀粉、食用油······················各适量

制作方法

1 将洗净的海参切成长条，洗净的香菜取香菜根，洗好的香葱切断，姜、蒜切末。洗净的上海青对半切开，放入开水锅中焯烫片刻，捞出，沥干水分，摆盘待用。

2 热锅注油，倒入葱段，炸至焦黄，捞出；再放入姜末、蒜末、香菜根，炸至焦黄，将葱油倒入容器中，备用。

3 另起锅，依次加入白糖、生抽、老抽，然后倒入海参翻炒，加入少许葱油后转小火慢煨，最后加入少许水淀粉收汁。关火，将海参盛入装有上海青的盘中即可。

小贴士

　海参一定要处理干净，以免影响成品的味道。

枸杞海参汤

食材准备

海参····································200克

香菇·····································25克

枸杞·····································10克

姜片、葱花·························各少许

盐、鸡粉·····························各2克

鸡粉·······································2克

料酒····································5毫升

制作方法

1 砂锅中注入适量清水烧开，放入海参、香菇、枸杞、姜片，淋入少许料酒，盖上盖，用大火煮开后转小火煮1小时至食材熟透。

2 揭盖，加入少许盐、鸡粉，搅拌均匀，煮开，使食材入味。

3 关火，将煮好的汤盛入碗中，撒上葱花即可。

本品熬制的时间较长，可以一次加足水，以免中途多次添加，影响汤品口感。

153
千卡/100克

虾皮

- 别名：毛虾皮。
- 性味：性温，味甘、咸。
- 归经：归脾、肾经。

营养成分

富含蛋白质、维生素、锌、硒、钙、镁、铁、钾等。

食用价值

虾皮的含钙量极为丰富，有"钙库"之称。儿童处于生长发育的重要阶段，机体的各个组织都在迅速增长，特别是骨骼的生长更为迅速，这时尤其需要钙质。而虾皮含钙量极其丰富，宝宝吃了可以促进骨骼发育生长。除了富含钙，虾皮中矿物质含量、种类也都非常丰富，如碘、铁、磷等。碘在人体中的含量不多但作用非常大；铁在人体中主要参与氧的配送；而磷的含量与钙吸收的质量直接相关，可以补充宝宝身体所需的营养素。据中医文献记载，虾皮还具有开胃、化痰等功效。

饮食宜忌：虾皮的营养价值虽高，但患过支气管炎、过敏性鼻炎、反复发作性过敏性皮炎的人群不宜吃。

选购保存

优质虾皮的外皮比较清洁，呈黄色，看起来比较有光泽。颈部和躯体相连，有虾眼，体形完整。用手握后松开，虾皮能自动松开。手抓虾皮握紧后再松开，虾皮相互粘连不易散开的不宜购买。

将虾皮用食品袋包严，放入冰箱冷冻室贮存。也可将新买回的虾皮放入平底锅用小火慢炒，然后放入密封的袋子中，置于阴凉干燥处储存。

虾皮香菇蒸冬瓜

食材准备

水发虾皮 ····························· 20克

香菇 ································· 20克

冬瓜 ································· 300克

姜末、蒜末、葱花 ··········· 各少许

盐、生粉、生抽 ··············· 各适量

料酒、芝麻油 ················· 各适量

制作方法

1 将去皮洗净的冬瓜切成薄片，洗净的香菇切成碎末。

2 将洗净的虾皮放入大碗中，倒入香菇碎，撒上姜末、蒜末，加入盐、生抽、料酒、芝麻油，撒上生粉，拌匀，制成海鲜酱料。将切好的冬瓜码在盘中，铺上调好的海鲜酱料，静置片刻。

3 蒸锅上火烧开，放入冬瓜，盖上盖，用中火蒸约15分钟至食材熟透。关火，取出蒸好的冬瓜，趁热撒上少许葱花，淋上少许热油即可。

虾皮紫菜豆浆

食材准备

水发黄豆 ·· 50克
紫菜、虾皮·································· 各少许

制作方法

1 将已浸泡8小时的黄豆倒入碗中，注入适量清水，搓洗干净，倒入滤网中，沥干水分待用。

2 取豆浆机，倒入备好的虾米、黄豆、紫菜，注入适量纯净水，开始打浆。

3 待豆浆机运转约15分钟，即成豆浆。断电后将打好的豆浆装入碗中即可。

小贴士

虾皮有淡淡的腥味，可以先用温水泡一会儿再打浆，口感会更好。

虾皮肉末青菜粥

食材准备

虾皮	10克
猪瘦肉	20克
生菜	40克
水发大米	60克
盐	少许

制作方法

1. 把洗净的生菜切成丝，再切碎；洗好的虾皮剁碎。

2. 锅中注入适量清水烧开，倒入泡发的大米，拌匀，用小火煮40分钟至大米熟软。

3. 揭盖，倒入虾皮，搅匀，盖上盖，续煮约3分钟。

4. 揭盖，放入肉末，搅拌均匀，盖上盖，续煮约5分钟。加入盐，搅匀调味，再放入切好的生菜，拌匀煮沸即可。

 小贴士

虾皮、肉末及生菜都要尽量切得碎一些，以利于宝宝消化吸收。

扫一扫
美味跟着学

62

千卡/100克

蛤蜊

- 别名：海蛤、文蛤、沙蛤。
- 性味：性寒，味咸。
- 归经：归胃经。

营养成分

富含蛋白质、脂肪、碳水化合物、碘、钙、磷、铁、锌、硒、氨基酸、牛磺酸及多种维生素。蛤蜊壳中含碳酸钙、磷酸钙、碘等。

食用价值

蛤蜊肉质鲜美无比，被称为"天下第一鲜"，而且它的营养比较全面，实属物美价廉的海产品。蛤蜊的营养特点是高蛋白、高微量元素、高钙、少脂肪。蛤蜊中的锌元素具有促进维生素A吸收的作用，防止因缺乏维生素A导致的"夜盲症"等，对于保护儿童的视力也有重要作用；其富含的钙元素能促进小孩骨骼发育和牙齿生长；还富含蛋白质、多种维生素，能促进身体新陈代谢，提高身体免疫力，特别是抵抗流感病毒等；含锌、铁、硒等微量元素，能促进大脑发育，改善记忆力，预防侏儒症或智力发育不良等。

饮食宜忌： 胃痛腹泻之人食用后会增加肠胃的负担，还可能导致病情变得更加严重，所以应慎食。

选购保存

挑选方法之一：如果是经常搅动的，就选闭嘴的；如果是在静水里养着，就选张嘴的，碰一下自己会合上的，表示还活着。挑选方法之二：拿两个蛤蜊相互敲击外壳，可以听声音分辨哪些是有肉的，哪些是有砂的。

蛤蜊是一种时令海鲜，买回家后，最好马上烹饪，不要久放，以免变质。

蛤蜊炒饭

食材准备

蛤蜊肉、胡萝卜 ……………… 各50克

洋葱、彩椒 ………………… 各40克

香菇 ……………………………… 35克

芹菜 ……………………………… 25克

大米饭、糙米饭 ………… 各100克

盐、鸡粉 ………………………各2克

胡椒粉、食用油 …………各适量

芝麻油 …………………………2毫升

制作方法

1. 将洗净去皮的胡萝卜切成粒，洗净的香菇、芹菜、彩椒、洋葱分别切成粒，待用。

2. 锅中注入适量清水烧开，倒入胡萝卜、香菇，煮半分钟至其断生，捞出，沥干水分待用。

3. 用油起锅，倒入芹菜、彩椒、洋葱，炒出香味；倒入大米饭、糙米饭，炒松散；加入蛤蜊肉，放入焯过水的胡萝卜和香菇，翻炒均匀；加入适量盐、鸡粉，炒匀调味；放入少许胡椒粉、芝麻油，翻炒均匀即可。

炭烤蛤蜊

食材准备

蛤蜊 ························· 250 克

烧烤粉 ························· 5克

盐 ························· 2克

胡椒粉 ························· 2克

食用油 ························· 适量

制作方法

1 用夹子把洗净的蛤蜊放在烧烤架上，用大火烤至蛤蜊开口。

2 在蛤蜊肉上撒适量盐、烧烤粉、胡椒粉，再刷上适量食用油，烤3分钟至熟。

3 将烤好的蛤蜊装入盘中即可。

 小贴士

调料不宜加太多，以免夺去蛤蜊本身的鲜味。

营养、天然的冬季时令保健食谱

双菇蛤蜊汤

食材准备

蛤蜊··························200克
白玉菇段、香菇块···········各100克
姜片、葱花·················各少许
鸡粉、盐、胡椒粉···········各2克

制作方法

1 锅中注入适量清水烧开，倒入洗净的白玉菇、香菇，倒入备好的蛤蜊、姜片，搅拌均匀，盖上盖，煮约2分钟。

2 揭盖，放入鸡粉、盐、胡椒粉，拌匀调味。

3 盛出煮好的汤料，装入碗中，撒上葱花即可。

 小贴士

白玉菇味道比较鲜美，可少加或不加鸡粉，以免掩盖了其鲜味。

73
千卡/100克

牡蛎

- 别名：蛎黄、海蛎子。
- 性味：性微寒，味咸。
- 归经：归肝、胆、肾经。

营养成分

富含蛋白质、脂肪、糖原、必需氨基酸、谷胱甘肽、多种维生素以及钙、铜、锌、锰、磷、铁等多种矿物质。

食用价值

牡蛎属贝类，肉肥美爽滑，营养丰富，素有"海底牛奶"之美称。牡蛎中钙的含量接近牛奶，铁的含量为牛奶的21倍，经常吃有助于骨骼、牙齿生长。牡蛎富含蛋白质和多种微量元素，尤其是儿童成长过程中必需的锌元素，因此多吃牡蛎不仅能够预防病毒，而且还能够有效地为儿童补锌；牡蛎的含磷量也很丰富，由于钙被体内吸收时需要磷的帮助，所以有利于钙的吸收。另外，牡蛎中所含的牛磺酸、DHA、EPA是儿童智力发育所需的重要营养素；还含有一般食物中所缺少的维生素B_{12}，维生素B_{12}中的钴元素是预防恶性贫血所不可缺少的物质。

饮食宜忌： 牡蛎性微寒，脾胃虚寒、慢性腹泻者不宜多吃，体质虚寒者忌食。

选购保存

挑选牡蛎时，应注意挑选体大肥实、颜色淡黄、个体均匀，而且干燥、表面颜色褐红的。外壳比较深，看起来比较厚的牡蛎，其肉质比较肥硕，吃起来美味。还要注意看牡蛎的壳是不是完全闭合的，如果不是完全闭合的，用手敲一敲，若能立马闭合，说明是新鲜的。

将购买回来的新鲜牡蛎用清水洗刷干净，放入水盆里，滴几滴香油，这样可以保存一两天，要注意每天换水。

韭黄炒牡蛎

食材准备

牡蛎肉 ………………………… 200克

韭黄 ……………………………… 100克

彩椒 ……………………………… 30克

姜片、蒜末、葱花 ………… 各少许

生粉 …………………………… 5克

生抽 …………………………… 3毫升

鸡粉、盐、料酒、食用油… 各适量

制作方法

1 将洗净的韭黄切成段，洗好的彩椒切成条。洗净的牡蛎肉装入碗中，加入适量料酒、鸡粉、盐，拌匀，放入生粉，搅拌均匀，腌片刻。将腌好的蛤蜊肉放入沸水锅中汆煮片刻，捞出，沥干水分待用。

2 热锅注油烧热，加入姜片、蒜末、葱花，爆香；倒入汆过水的牡蛎，翻炒均匀；淋入生抽，炒匀，再倒入适量料酒炒匀提味；放入彩椒，翻炒均匀；倒入韭黄段，翻炒片刻；加入少许鸡粉、盐，炒匀调味即可。

白萝卜牡蛎汤

食材准备

白萝卜丝 ································· 30克

牡蛎肉 ································· 50克

姜片、葱花 ······················· 各少许

料酒 ································· 10毫升

盐、鸡粉 ··························· 各2克

芝麻油、胡椒粉、食用油········ 各适量

制作方法

1 锅中注入适量清水烧开，倒入白萝卜丝、姜丝，放入牡蛎肉，搅拌均匀，淋入少许食用油、料酒，搅拌均匀，盖上盖，焖煮约5分钟至食材熟透。

2 揭盖，淋入少许芝麻油，加入胡椒粉、鸡粉、盐，搅拌片刻，煮至食材入味。

3 将煮好的汤水盛出，装入碗中，撒上葱花即可。

小贴士

牡蛎肉应多清洗几次，以去除其中的杂质。

118

白菜粉丝牡蛎汤

食材准备

水发粉丝 ·································· 50克
牡蛎肉 ································· 50克
白菜段 ································· 80克
姜丝 ·································· 少许
盐 ···································· 2克
料酒 ······························· 10毫升
鸡粉、胡椒粉、食用油 ·········· 各适量

制作方法

1 锅中注入适量清水烧开，倒入白菜段、牡蛎肉，加入少许姜丝，搅散，淋入少许食用油、料酒，搅匀，盖上盖，烧开后煮约3分钟。

2 揭盖，加入少许鸡粉、盐、胡椒粉，搅拌片刻，使食材入味。

3 往锅中加入泡软的粉丝，搅拌均匀，煮至粉丝熟透即可。

小贴士

在煮牡蛎的过程中，应适当揭开锅盖搅拌几次，以使其受热均匀。

203
千卡/100克

羊肉

- 别名：古称之为羘肉、羯肉。
- 性味：性热，味甘。
- 归经：归脾、胃、肾、心经。

营养成分

含有丰富的蛋白质，还含有维生素A、B族维生素、碳水化合物、烟酸及钙、磷、镁、铁、钾等。

食用价值

中医认为，羊肉能助元阳，补精血，疗肺虚，益劳损，是一种滋补强壮药。据《本草纲目》记载，羊肉有补中气、益肾气的作用。它也是历来民间冬季进补的重要食材之一，最适宜于冬季食用，故被称为冬令补品，深受人们欢迎。羊肉含有较少的脂肪和胆固醇，老少皆宜；含有丰富的维生素B_1、维生素B_2、维生素B_6以及铁、锌、硒等营养成分，是肉食的最佳选择之一。而且羊肉含有充足的热量，冬季食用，能增加身体的热量，能促进血液循环，增强御寒能力，还可增加消化酶，保护胃壁，有助消化，还能提高人体免疫力。

> 饮食宜忌：羊肉的气味较重，胃肠对之的消化负担也较重，并不适合胃脾功能不好的人食用。

选购保存

选购羊肉的几个小技巧：一看色泽，鲜羊肉肌肉有光泽，红色均匀，脂肪洁白或淡黄色，肉质坚硬而脆；二看弹性，鲜羊肉用手指按压后，会立即恢复原状；三看黏度，鲜羊肉外表微干或有风干膜，不黏手。

买回来的新鲜羊肉要及时进行冷冻或冷藏，使肉温降到5℃以下，以便减少细菌污染，延长保鲜期。

羊肉虾皮汤

食材准备

羊肉片 ······························150克

虾皮······························25克

高汤······························适量

蒜片、葱花······················各少许

盐································· 2克

制作方法

1 砂锅中注入适量高汤煮沸，放入洗净的虾皮，加入蒜片，拌匀，盖上盖，用小火煮约10分钟至熟。

2 揭盖，放入羊肉片，拌匀，再次盖上盖，烧开后煮约15分钟至熟。

3 揭开盖，加入少许盐，搅拌均匀。

4 关火，盛出煮好的汤料，装入碗中，撒上葱花即可。

花生炖羊肉

食材准备

羊肉 ····································· 250克
花生米 ································· 100克
葱段、姜片 ························· 各少许
生抽、料酒、水淀粉 ·········· 各5毫升
盐、鸡粉、白胡椒粉 ·············· 各1克
食用油 ································· 适量

制作方法

1 将洗净的羊肉切厚片，改切成块。

2 沸水锅中放入羊肉，搅散，汆煮至转色，捞出，沥干水分待用。

3 热锅注油烧热，放入姜片、葱段，爆香；放入羊肉，炒香；加入料酒、生抽，注入300毫升清水，倒入花生米，撒上适量盐，加盖，用大火煮开后转小火炖30分钟。

4 揭盖，加入鸡粉、白胡椒粉、水淀粉，充分拌匀调味。

 小贴士

食用时可以淋入少许芝麻油，味道更鲜美。

食材准备

羊肉	250克
山药块	200克
葱段、姜片	各少许
盐	适量

制作方法

1 锅中注入适量清水烧开，倒入洗净的羊肉，煮约2分钟，捞出，过一遍凉水，装盘待用。

2 锅中注入适量清水烧开，倒入山药块，倒入葱段、姜片、羊肉，搅拌均匀，盖上盖，用大火烧开后转小火炖煮约40分钟，下盐调味。

3 揭盖，捞出煮好的羊肉，切成厚片，转入碗中，再将锅中的剩余汤料也都盛入碗中即可。

可根据个人口味，适当添加盐调味。

93
千卡/100克

虾仁

- ☙ 性味：性温，味甘、咸。
- ☙ 归经：归脾、肾经。

富含蛋白质、氨基酸、维生素A、B族维生素、维生素D、维生素E及钙、钾、镁、磷、锌、铁、铜、硒等矿物质。

食用价值

虾仁的营养极为丰富，所含蛋白质是鱼、蛋、奶的几倍甚至几十倍，钙含量、镁含量也非常丰富，其中所含的维生素D和镁能很好地促进钙的吸收，还含有钾、硒等微量元素和维生素A，且虾仁肉质松软、易消化，对小儿尤有补益功效。虾仁还含有丰富的氨基酸，且易被吸收，经常食用，对孩子脑部细胞的发育和滋养有很好的效果，还能促进新陈代谢，提高身体免疫力。另外，虾仁中所含有的牛磺酸能够降低人体血压和胆固醇，有益心血管健康，在预防代谢综合征方面有一定疗效。

饮食宜忌。 食用过量的虾会导致上火，因此正值上火之时不宜食用。

选购保存

优质虾仁的表面略带青灰色或有桃仁网纹，前端粗圆，后端尖细，呈弯钩状，色泽鲜艳；而水泡虾仁则发白或微黄，轻度红变，体半透明，露出的肠线较鲜虾粗大或已散开。购买冻虾仁应挑选无色透明、手感饱满并富有弹性的，而那些看上去个大、色红的则应谨慎购买。

新鲜虾仁需尽快食用，如需要保存，一般放在冰箱冷冻室即可。

核桃虾仁汤

食材准备

虾仁·····························100克

核桃仁·························100克

姜片·····························少许

盐、鸡粉·····················各2克

胡椒粉·························3克

料酒·····························5毫升

食用油·························适量

制作方法

1 锅置于火上，注入适量食用油，放入姜片，爆香。

2 倒入虾仁，淋入料酒，炒香，注入适量清水，加盖，煮约2分钟至沸腾。

3 放入核桃仁，加入盐、鸡粉、胡椒粉，拌匀，煮约2分钟至沸腾即可。

虾仁豆腐泥

食材准备

虾仁	50克
豆腐	150克
胡萝卜	50克
高汤	200毫升
盐	2克

制作方法

1 将洗净的胡萝卜切片，再切成丝，改切成粒；将洗好的豆腐压烂，剁碎；用牙签挑去虾仁虾线，压烂，剁成泥。

2 锅中倒入适量高汤，放入切好的胡萝卜，盖上盖，烧开后用小火煮5分钟至其熟透。

3 揭盖，放入适量盐，下入豆腐，搅匀煮沸；倒入虾仁泥，搅拌，续煮片刻即可。

 小贴士

　　虾仁入锅后不宜煮制过久，以免失去其本身鲜嫩的口感。

虾仁炒玉米

食材准备

虾仁	150克
玉米粒	200克
胡萝卜	少许
葱花	5克
盐	2克
水淀粉、白糖、食用油	各适量

制作方法

1 洗净去皮的胡萝卜切成丁；虾仁洗净，从背部切开，切成丁，装入碗中，加入少许盐、白糖、水淀粉，拌匀，腌片刻。

2 用油起锅，倒入虾仁翻炒片刻；加入玉米粒、胡萝卜，拌炒约2分钟至熟。

3 加入盐、白糖调味，用水淀粉勾薄芡，最后撒入葱花即可。

虾仁易熟，不宜炒太久，以免失去鲜嫩的口感。

55
千卡/100克

猪血

- 别名：血豆腐。
- 性味：性平，味咸。
- 归经：归肝、脾经。

猪血味咸、性平，可医治干血痨，有理血祛瘀、止血、利大肠之功效。猪血中含铁量较高，而且以血红素铁的形式存在，容易被人体吸收利用，处于生长发育阶段的儿童食用后可以防治缺铁性贫血；含有较丰富的维生素K，能促使血液凝固，因此有止血作用。猪血还能为人体提供多种微量元素，对营养不良、肾脏疾患、心血管疾病的病后调养都有益处，可用于治疗头晕目眩、吐血衄血、崩漏血晕、损伤出血以及惊厥癫痫等症。除此之外，猪血还能较好地清除人体内的粉尘，减少有害金属微粒对人体的损害，堪称人体污物的"清道夫"。

饮食宜忌： 过量食用猪血，会造成铁中毒，影响其他矿物质的吸收。所以，除非特殊需要，建议一周食用不超过2次。

营养成分

富含维生素B$_2$、维生素C、维生素K、蛋白质、烟酸及钾、钙、磷、镁、锌等十余种微量元素。

选购保存

选购技巧：一看颜色，优质猪血的颜色是干净的暗红色；劣质猪血有两种，一种浑浊发灰，还有一种是鲜红的。二看切面，优质猪血的切面比较粗糙，分布着许多不规则的小气孔；劣质猪血的切面光滑平整，气孔很少。三试质感，用手轻压。优质猪血的质感比较脆，稍稍触碰就会碎。

常温下猪血放水里可以保存1天，放入冰箱冷藏可以存放3~5天。

猪血韭菜豆腐汤

食材准备

韭菜 30克

豆腐 40克

猪血 30克

盐 2克

芝麻油 3毫升

小贴士

猪血可以事先氽煮片刻，这样可有效去除其腥味。

制作方法

1 将洗净的豆腐切小块，处理好的猪血切小块，洗好的韭菜切成段，待用。

2 锅中倒入适量清水烧开，倒入猪血、豆腐，拌匀，盖上盖，煮沸后放入韭菜，拌匀，煮约3分钟至熟。

3 加入盐、芝麻油，搅拌至入味。

4 关火，将煮好的汤盛入碗中即可。

扫一扫
美味跟着学

猪血山药汤

食材准备

猪血 250克

山药 50克

葱花 ....少许

盐 2克

胡椒粉 ....少许

制作方法

1 将洗净去皮的山药用斜刀切成片，洗好的猪血切成小块，待用。

2 锅中注入适量清水烧热，倒入猪血，拌匀，汆去污渍，捞出，沥干水分，待用。

3 另起锅，注入适量清水烧开，倒入猪血、山药，盖上盖，烧开后用中小火煮约10分钟至食材熟透。

4 揭盖，加入少许盐，拌匀调味。

5 取一个汤碗，撒入少许胡椒粉，盛入煮好的汤料，点缀上葱花即可。

小贴士

猪血腥味较重，汆水时可以加入适量料酒，以去腥提鲜。

猪血蘑菇汤

食材准备

猪血	150克
豆腐	100克
白菜叶	80克
水发榛蘑	150克
高汤	250毫升
姜片、葱花	各少许
盐、鸡粉	各2克
胡椒粉	3克
食用油	适量

制作方法

1 将洗净的豆腐切块，处理好的猪血切小块，待用。

2 用油起锅，倒入姜片，爆香；放入洗净的榛蘑，炒匀；倒入高汤、豆腐块、猪血，加入盐，拌匀；放入白菜叶，加入鸡粉、胡椒粉，拌匀，搅煮约2分钟至食材入味。

3 关火后盛出煮好的汤料，装入碗中，撒上葱花即可。

小贴士

没有包装的豆腐很容易腐坏，买回家后，应立刻浸泡于清水中，并放入冰箱冷藏，待食用时再拿出。

125
千卡/100克

- 别名：黄牛肉。
- 性味：性平，味甘。
- 归经：归脾、胃经。

营养成分

含蛋白质、脂肪、维生素A、维生素B₁、维生素B₂、核黄素、烟酸、锌、硒、钙、磷、铁等，还含有多种特殊成分，如肌醇、黄嘌呤、次黄质、牛磺酸、氨基酸等。

食用价值

中医认为，牛肉有补中益气、滋养脾胃、强健筋骨、化痰息风、止渴止涎的功效，适用于中气下陷、气短体虚、筋骨酸软、贫血久病及面黄目眩之人食用。且寒冬食牛肉，有暖胃作用，为寒冬的补益佳品。牛肉含有丰富的蛋白质，氨基酸组成比猪肉更接近人体需要，能提高机体抗病能力，对生长发育及手术后、病后调养的人在补充失血、修复组织等方面特别适宜；且牛肉还是含铁量最高的肉类，同时富含核黄素、烟酸、维生素A、维生素B以及锌、硒等微量元素，对生长发育中的宝宝来说是非常好的肉类食物。

饮食宜忌：牛肉高胆固醇、高脂肪，老年人、消化能力较弱的人不宜多吃。

选购保存

挑选技巧：看颜色，正常新鲜的牛肉肌肉呈暗红色，均匀、有光泽、外表微干，尤其在冬季其表面容易形成一层薄薄的风干膜，脂肪呈白色或奶油色；摸手感，新鲜的牛肉富有弹性，指压后凹陷可立即恢复，新切面肌纤维细密；闻气味，新鲜肉具有鲜肉味儿，不新鲜的牛肉有异味甚至臭味。

新鲜牛肉买回家若一次吃不完，按每顿食用量分割成小块，不要清洗，直接装保鲜袋，放入冰箱冷冻室保存。

家常牛肉汤

食材准备

牛肉 ································· 200克

土豆 ································· 150克

西红柿 ······························· 100克

姜片、枸杞、葱花 ········· 各少许

盐、鸡粉 ························· 各2克

胡椒粉、料酒 ················ 各适量

制作方法

1 把洗净的牛肉切成丁，去皮洗净的土豆切成大块，洗好的西红柿切成块。

2 砂锅中注入适量清水烧开，放入姜片、枸杞，倒入牛肉，淋入少许料酒，拌匀，用大火煮沸，掠去浮沫，盖上盖，用小火煲煮约30分钟至牛肉熟软。揭盖，倒入土豆、西红柿，拌匀，再次盖上盖，煮约15分钟至食材熟透。

3 揭开盖，加入盐、鸡粉、胡椒粉，拌煮至食材入味即可。

营养、天然的冬季时令保健食谱

Chapter 2

枸杞牛肉粥

食材准备

牛肉	25克
水发大米	50克
枸杞	10克
姜片	少许
盐	2克
生抽、芝麻油	各2毫升
食用油	适量

制作方法

1. 将洗净的牛肉切成小粒，装入碗中，加入适量生抽、盐，搅拌均匀，再注入适量食用油，腌10分钟至入味。

2. 锅中注水烧开，倒入洗净的大米，拌匀，盖上盖，用小火煮30分钟至大米熟软。放入枸杞，搅匀，盖上盖，续煮片刻。

3. 揭盖，下入少许姜片，倒入牛肉片，搅拌均匀，盖上盖，用小火煮3分钟。再次揭盖，放入适量盐、芝麻油，搅拌均匀。把煮好的粥盛出，装入碗中即可。

扫一扫
美味跟着学

小贴士

煮制此粥时，可以加入少许陈皮，不仅能使牛肉更易熟烂，成品味道也更鲜香。

134

西葫芦炸肉饼

食材准备

西葫芦 ·······································250克

牛肉 ···100克

面粉 ···100克

蛋黄 ···少许

鸡粉、生抽、芝麻油 ·············各少许

生粉、食用油 ·······················各适量

制作方法

1 把面粉装入碗中，放入蛋黄，加入少许清水，将面粉搅成面糊，待用。

2 将洗好的西葫芦切厚片，用工具将西葫芦中间掏除。取一个干净的盘子，撒上适量生粉，放入西葫芦块，再撒上适量生粉。

3 将洗净的牛肉切碎，剁成肉末，装入碗中，放入少许生抽、盐、鸡粉，再加入生粉、芝麻油，搅匀至入味，逐一塞入西葫芦块内。

4 热锅注油，烧至五分热，将西葫芦裹上面糊，放入油锅中，用小火炸2分30秒至熟即可。

小贴士

西葫芦炸的时间不宜过长，以免炸焦，影响外观及鲜嫩的口感。

牛肉海带米糊

食材准备

牛肉	50克
上海青	60克
海带	70克
大米	80克
盐	2克

制作方法

1. 将洗净的上海青对半切开，切粗丝，改切成粒；将洗好的海带切细条，改切成粒；将洗净的牛肉切片，剁碎。

2. 取榨汁机，选择干磨刀座组合，放入洗净的大米，磨成米碎，待用。

3. 汤锅中注入适量清水烧热，倒入磨好的米碎，搅拌均匀，再倒入海带、牛肉末，搅拌一会儿，至牛肉断生，转中火煮干水分，煮成米糊。

4. 调入少许盐，再放入上海青，搅拌均匀，续煮片刻至全部食材熟透即可。

 小贴士

粥品中添加少许青菜，可使菜肴更清香，提高幼儿的食欲。

136

鲜蔬牛肉饭

食材准备

软饭·······················150克
牛肉片····················50克
胡萝卜、小油菜·············各30克
西蓝花、洋葱···············各30克
盐、鸡粉···················各少许
生抽、水淀粉、食用油········各适量

制作方法

1 将洗净的小油菜切成段，洗好的胡萝卜切成薄片，洗净的洋葱切成小块，洗好的西蓝花切小朵。

2 牛肉片中加入生抽、鸡粉、水淀粉、食用油，拌匀，腌约10分钟至入味。

3 沸水锅中放入胡萝卜、西蓝花，氽煮约半分钟；下入小油菜，续煮约半分钟，捞出，沥干水分待用。

4 用油起锅，倒入腌好的牛肉，翻炒至转色；倒入洋葱，翻炒至其变软；倒入软饭，快速炒匀，使米粒散开；再淋入生抽，加入盐、鸡粉，炒匀调味；最后下入焯过水的食材，翻炒片刻至食材熟透即可。

小贴士

建议选用含水分较少的软饭，以免炒制时粘在一起，不易入味。

Chapter **3**

寒冬，
小儿养肾好时节

滋补肝肾长得高

孩子的身高是所有家长都非常关注的话题。一说到孩子长高，家长第一反应就是补钙。其实很多家长往往会忽略一个问题：在给孩子补钙、帮助其骨骼发育的同时，要关注孩子筋骨、肌肉的协同发育。孩子的生长发育是一个整体的过程，只关注单一的骨骼发育，往往事倍功半甚至是没有效果的。所以，补钙只是很表层的手段，关键还在于有针对性地调理好孩子的脏腑功能，让筋骨肌肉全面发育。

让孩子长个，要关注的重点：

肾主骨，补钙之前养好孩子肾气。主管孩子骨骼的脏腑是肾。骨骼的健康发育，取决于肾气是否旺盛。肾气好的孩子身高体重都不会差，稍一补钙也会有很明显的效果。而冬主肾，如果把握好冬季调养好孩子肾气，来年开春之后孩子的生长发育就会有明显的优势。

肝主筋，滋养肝血，孩子的筋骨才能强健。肝血充盈，才能盈气于筋，使筋膜得到濡养，孩子的骨骼筋络才会维持正常的发育。生长期的孩子，不仅仅是骨骼，筋骨的发育也同样要跟得上。

如何利用冬季让孩子长高？

补钙之前先滋补肝肾。可以给孩子吃一些滋补肝肾的汤或粥，比如红薯粥、南瓜粥、糯米红糖粥等。冬季阳生阴长，这个时候给孩子吃一些温热的食物是很适合的，温热的食物如羊肉、牛肉、桂圆、红枣等，可以适当给孩子吃。但要注意每天观察孩子的消化情况，不能让孩子天天吃，一次也不能吃太多。

适当补钙，合理运动。可以适当给孩子补充钙剂、维生素。同时在日常饮食中，适度地加入一些含钙高的食物，如牛奶、虾皮等。

补钙的同时安排合理的运动，对骨骼的生长发育会有很大的帮助。另外，家长们也不要忘了让孩子多晒晒太阳，但是要注意，如果天气特别寒冷，就要避免让孩子外出。

食材准备

红薯 ·······················50克

水发大米 ···················50克

制作方法

1 将洗净去皮的红薯切成丁，待用。

2 锅中注入适量清水烧开，倒入泡好的大米，放入红薯丁，拌匀，盖上盖，煮开后转小火续煮约1小时至食材熟软。

3 揭盖，搅拌，盛入碗中即可。

扫一扫
美味跟着学

 小贴士

煮制过程中需揭盖搅拌几次，以防粘锅、糊锅。

红枣红豆黑米粥

食材准备

水发黑米 ·························100克

红豆 ·································50克

红枣 ·································25克

红糖 ·································适量

制作方法

1 砂锅中注水烧开，倒入洗净的黑米、红豆、红枣，搅散，拌匀。

2 盖上盖，煮开后转小火煮约50分钟，至米粒熟软。

3 揭盖，撒上备好的红糖，搅拌均匀，用中火煮至红糖溶化即可。

小贴士

若喜欢软糯的口感，黑米和红豆可事先浸泡一晚再煮。

小贴士

烤羊小腿片时，应把握好烤制的时间，以免羊肉不熟或过熟。

食材准备

胡萝卜块	150克
土豆块	200克
橙子	300克
羊小腿片	250克
迷迭香、百里香	各少许
盐、黑胡椒粉	各3克
橄榄油、食用油	各适量

制作方法

1 将洗净的羊小腿片放入备好的玻璃碗中，放入盐、黑胡椒粉、橄榄油，搅拌均匀，腌30分钟，撒入百里香、迷迭香，拌匀，待用。将洗净的橙子去头，切片，摆入盘中待用。将土豆、胡萝卜放入另一碗中，加入盐、食用油，搅拌均匀，待用。

2 在铺有锡纸的烤盘上放入土豆、胡萝卜、羊小腿片和橙子片，放入烤箱中，烤箱温度设置为200℃，选择上下管加热，烤40分钟。

3 取出烤盘，去除橙子片，摆好盘，再摆上新鲜橙子片即可。

143

补肾健脾不疲劳

不少人以为，只有成年人才会肾虚，这是不对的。《小儿药证直诀·变蒸》中认为，小孩子的特点是"五脏六腑，成而未全，全而未壮"，意思是孩子的五脏六腑虽然成形了，但还没有健全，以肺、脾、肾较为突出，所以孩子也是会肾虚的。

肾藏精，它既藏"先天之精"，也藏"后天之精"。先天之精是孩子从父母处继承的，是与生俱来的精气；后天之精，来源于日常饮食。水谷精微经过脾胃的运化，传输到五脏六腑，成为脏腑之精。

肾所藏的精气会生化成为肾气，而肾气的生长主要得益于两个途径。一得益于年龄的增长，肾气随之增长；二是依赖于后天脾胃的培育，脾胃健运，为肾脏不断补充和生化精气，使得肾气更加充盈。小孩子到一定年龄开始换牙，就是由于肾气逐渐充盈而带来的"齿更发长"变化。而脾阳根于肾阳，肾气未盛，难以充分地温煦脾土，所以孩子脾亦不足。脾胃功能尚未发育完全，一旦家长喂养不恰当，就很容易出现积食，进而损伤脾胃。脾胃受损，就无法生化谷物之精，补充肾气，就要调动肾气来补充，而孩子脾虚久了，肾气也会亏虚。当孩子肾气不

足时，会出现身体乏力、手脚冰凉、怕冷等现象。因此，孩子补肾气，除了养肾补肾，还要健脾，升举脾肾阳气。

冬主水，入通于肾，此时养肾往往能达到事半功倍的效果。肾主藏，肾气充足，孩子能更好地温补敛藏阳气，阳气旺盛，也就不会出现身体乏力、易疲劳的现象。同时，脾阳根于肾阳，肾气充足，温煦脾土，脾土健旺，顾护孩子的后天之本，对孩子的体质也会有很大的改善。

中医认为，黑色入肾，黑色食物对补养肾脏大有裨益。黑米、黑豆、黑芝麻等都是不错的选择。另外，板栗、粟米、芡实、核桃、山药、羊肉、泥鳅等也都可以适当食用。需要注意的是，有些食物如黑米、黑豆等不容易消化，家长应注意烹饪方式并控制好量。

黑豆芝麻豆浆

食材准备

水发黑豆 ······························· 75克

水发花生米 ························· 75克

黑芝麻 ································· 20克

白糖 ··································· 10克

制作方法

1 取榨汁机，选择搅拌刀座组合，注入适量纯净水，放入洗净的黑豆，搅拌一会儿，使黑豆成细末状。倒出搅拌好的材料，用滤网滤取豆汁，装入碗中，待用。

2 榨汁机清洗干净，放入洗净的黑芝麻、花生米，再倒入豆汁，选择搅拌刀座组合，搅拌一会儿，至材料呈糊状。倒出搅拌好的材料，即成生豆浆。

3 汤锅置于旺火上，倒入搅拌好的生豆浆，盖上盖，用大火煮约5分钟，至汁水沸腾。

4 揭盖，撇去浮沫，撒入适量白糖，搅煮至白糖溶化即可。

小贴士

　　滤取豆汁时最好用网格细密的滤网，以免杂质太多，影响口感。

黑米甜粥

食材准备

水发黑米 ···100克
红糖 ·· 25克

制作方法

1 砂锅中注水烧开，倒入洗净的黑米，搅散，拌匀。

2 盖上盖，用大火煮开后转小火煮约1小时，至米粒熟软。

3 揭盖，撒上备好的红糖，搅拌均匀，用中火煮至红糖溶化即可。

 小贴士

　　红糖的分量可以适当多一些，这样粥的补益效果更佳。

食材准备

面条	100克
泥鳅	60克
葱花、彩椒粒	各少许
盐	2克
黄豆酱、料酒、食用油	各适量

制作方法

1 将泥鳅倒入碗中，加入适量盐，拌匀，注入适量清水，去除其黏液，沥干水分，清理干净，待用。

2 热锅注油，烧至五分热，放入处理好的泥鳅，调至中火，炸1分钟呈微黄色，捞出，沥干油，待用。

3 锅底留油烧热，倒入适量黄豆酱，炒香，放入炸好的泥鳅，淋入适量料酒，炒香，注入适量清水，搅拌均匀，调至大火，煮至沸。撇去锅中的浮沫，放入面条，搅拌均匀，煮5分钟至面条熟软。

4 关火后盛出煮好的面条，撒上少许葱花、彩椒粒即可。

小贴士

泥鳅也可以先用白醋拌匀，能有效去除其表面的黏液。

养肾藏精发质好

家长们都希望自己的孩子有一头乌黑发亮的头发。很多家长很在意孩子头发长得好不好，看到别人家的孩子头发又多又浓密，很是羡慕。其实，孩子头发最终长成什么样，与父母的遗传因素有很大关系。除此之外，发质好不好与脏腑的关系也很密切。

中医认为，肾藏精，主生长、发育与生殖，其华在发。从《黄帝内经》到《本草纲目》都有肾脏主宰头发枯荣的说法。毛发的营养虽然来源于血，其生机实根于肾。人体肾精充足，头发则发育正常，表现为浓密、光亮、柔润；肾精亏虚，无以滋润与濡养，则毛发焦黄脱落，成人脱发常与肾虚有关。肾是先天之本，一些宝宝刚出生就有头发，有的很多很黑，老人会说这个孩子肾气足，很壮实，就是这个道理。因此，家长若想孩子拥有一头乌亮浓密的头发，就要在冬天为孩子补足肾气。

小孩补肾气应以食补为主。从中医的角度来看，黑色的食物益肾，可谓是补肾精的黄金食品。黑豆、黑芝麻都有很好的补肾效果，家长可以做黑豆鱼头汤或者黑芝麻瘦肉汤给孩子喝。平时可以多吃一些黑芝麻、黑豆、核桃等食品，对于养发有极大的功效。黑芝麻对人体皮肤和毛发的生长具有神奇的促进作用，常吃黑芝麻，不仅可以让头发变得柔顺、亮泽、丰盈，也能让皮肤变得润泽、紧致、透亮。坚果类的食物也有不错的补肾效果，如花生、胡桃仁、松子、板栗等。

小孩正处于生长发育期，家长在帮助孩子补肾气的同时，还应考虑添加一些有利于小儿生长发育的食物。例如，富含维生素E的各种绿叶蔬菜；富含蛋白质的牛肉、羊肉、鱼、鸡蛋、鸭蛋、奶制品等食物；富含维生素B的猪腿肉、大豆、花生、黑米、鸡肝、香菇、胚芽米等食物以及富含钙的蛋黄、泥鳅、虾皮、牛奶等食物。

黑芝麻黑豆浆

食材准备

黑芝麻 ································· 30克
水发黑豆 ····························· 30克

制作方法

1. 把洗好的黑芝麻倒入豆浆机中，倒入洗净的黑豆，注入适量纯净水，开始打浆。

2. 待豆浆机运转约15分钟即成豆浆。

3. 将豆浆倒入滤网中过滤即可。

黑芝麻有轻微苦味，也可加入少许冰糖调味。

核桃花生双豆汤

食材准备

排骨块 ························· 150克
核桃 ··························· 50克
水发赤小豆 ··················· 50克
花生米 ························· 50克
水发眉豆 ····················· 50克
盐 ···························· 2克

制作方法

1 锅中注入适量清水烧开，放入洗净
的排骨块，氽煮片刻，捞出，沥干
水分，待用。

2 砂锅中注入适量清水烧开，倒入排
骨块、眉豆、核桃、花生米、赤小
豆，拌匀，加盖，用大火煮开后转
小火煮1小时至熟。

3 揭盖，加入盐，稍稍搅拌至食材入
味即可。

 小贴士

若喜欢软糯的口感，可以适当延长炖煮的时间。

食材准备

多宝鱼 ·······································400克
姜丝 ···40克
红彩椒丝 ····································30克
姜片 ···30克
葱丝 ···25克
葱段 ···少许
盐 ·· 2克
芝麻油 ······································4毫升
蒸鱼豉油 ··································10毫升
食用油 ·······································适量

制作方法

1 将处理干净的多宝鱼装入盘中，放上姜片，撒上少许盐，腌一会儿，放入烧开的蒸锅中，盖上盖，用大火蒸约10分钟，至鱼肉熟透。

2 关火后取出蒸好的多宝鱼，趁热撒上姜丝、葱丝，放上红彩椒丝，浇上热油，待用。

3 用油起锅，注入少许清水，倒入适量蒸鱼豉油，淋入少许芝麻油，拌匀煮沸，浇在蒸好的鱼肉上即可。

小贴士

　　在多宝鱼上划几处刀花，这样更容易入味。

补虚养肾智力棒

家长都希望自己的孩子可以健康成长，聪明伶俐，将来能够优秀、成功。我们都知道，孩子的智商与父母的遗传基因有很大关系，父母都比较聪明的，孩子的确比较聪明。但是，除了遗传因素，智力还受到环境、营养、教育等一些后天因素的影响。所以，随着独生子女越来越多，家长对他们的教育也越来越重视，从小就给孩子报各种提高注意力、提高思维能力的班，但效果也一般。殊不知，他们忽略了很重要的一点，那就是大脑的发育与五脏六腑息息相关，与肾脏更是密不可分。

髓，有骨髓、脊髓、脑髓之分。藏于骨腔内之髓，称为骨髓；位于脊椎管内之髓，称为脊髓；位于颅腔中的髓，称为脑髓。这三种髓，均由肾精所生化。因此，肾中精气的盛衰，不仅影响到骨骼的生长发育，而且也会影响到髓的充盈和发育。中医学认为"脑为髓之海"，因为脊髓上通于脑，聚而为脑髓。肾精充沛，髓海满盈，脑得其养，则精力充沛，思维敏捷，耳目聪明，记忆力强。反之，若肾精不足，髓海失充，在小儿，表现为大脑发育不全，智力低下；在成年人，多表现为记忆力减退，精神萎靡，思维缓慢、头晕眼花、耳鸣、失眠，严重者则会发展成为健忘症。所以，养肾是健脑益智的基石，补肾强肾是增长智慧的有效手段。家长若想孩子有好的智力，须从根本入手，养好肾。

在饮食方面，可以适量给孩子多吃一些补肾健脑、提升精气神的食物。山药、黑芝麻、海带、虾仁对改善记忆力、益气填精均有益。另外，板栗、核桃、黑木耳、黑米、黑豆、乌鸡、紫菜、海参、香菇等也都是不错的选择。

家长还需注意，在孩子的饮食中上应少盐，摄入太多的盐，会增加肾脏负担。饮料是孩子们的最爱，家长也应注意控制，饮料中的添加剂太多，很多饮料中含有咖啡因，这些对肾脏会产生伤害。应让孩子少喝饮料，多喝水，有助于排出体内毒素。

黑芝麻牛奶粥

食材准备

熟黑芝麻粉·····················20克

大米·························100克

配方奶······················150毫升

白糖··························2克

制作方法

1 砂锅中注水适量清水，倒入大米，拌匀，加盖，用大火煮开后转小火续煮30分钟至大米熟软。

2 揭盖，倒入配方奶，拌匀，再次盖上盖，用小火续煮2分钟。

3 揭开盖，倒入黑芝麻粉，拌匀，加入白糖，搅拌至白糖溶化即可。

小贴士

煮粥的过程中要多搅拌几次，以免粘锅产生糊味，影响粥品的味道。

海带排骨汤

食材准备

排骨段 ······························ 100克
水发海带 ···························· 50克
姜片、葱花 ························· 各少许
盐 ·································· 适量

制作方法

1 将洗净的海带切成小块，装入碗中，待用。将洗净的排骨段放入开水锅中汆去血水和脏污，捞出，沥干水分，待用。

2 锅中注水烧开，放入姜片，倒入排骨段、海带，搅拌均匀，盖上盖，用大火煮开后转小火续煮约1小时。

3 揭盖，加入盐，拌匀调味。

4 关火后盛出煮好的汤料，撒上葱花即可。

 小贴士

往煮好的汤中淋入少许芝麻油，味道更香浓。

扫一扫
美味跟着学

海带虾仁炒鸡蛋

小贴士

炒虾仁时宜用旺火快炒，这样才能更好地保持虾仁鲜嫩爽口的口感。

食材准备

海带 ······························100克
虾仁 ······························100克
鸡蛋 ······························· 2个
葱段 ······························· 少许
料酒 ······························ 10毫升
盐、芝麻油、食用油 ··············各适量

制作方法

1 将洗净的海带切小块，放入沸水锅中汆烫半分钟，捞出，沥干水分待用。将处理好的虾仁切开背部，去除虾线，装入碗中，放入少许料酒、盐，拌匀，淋入芝麻油，拌匀，腌10分钟。将鸡蛋打入碗中，加入少许盐，打散待用。

2 用油起锅，倒入蛋液，翻炒至蛋液凝固，盛出，待用。

3 用油起锅，倒入虾仁，快速翻炒至变色；加入汆过水的海带，翻炒均匀，淋入料酒、生抽，炒匀调味；倒入炒好的鸡蛋，翻炒均匀，放入葱段，翻炒至食材入味即可。